New
window 新視野 56

馬賽貓老大
法國獨眼貓的流浪三部曲

文字&攝影◎黃淑冠

Pour Mon Cheri Capitaine

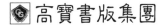
高寶書版集團

致　謝

　　感謝高寶書版出版《馬賽貓老大》一書，投稿的過程很順利，也很幸運，我想這都是在天堂的貓老大安排給我們這人生中最美妙的三月，因為在本書即將出版之際，交往八年多的我們終於衝動地步入婚姻的禮堂。

　　婚禮上雖然少了穿白西裝的小伴郎貓老大，但我仍然擁有另一位見證我們愛情的寶貝狗狗，這位同樣在流浪途中遇見的狗老大，感謝他十多年來的甜蜜陪伴，讓我與家人們的生活充滿更多的純真與快樂。

　　這本書除了獻給喜愛旅行與動物的朋友外，最重要的是獻給你們 ── 我們親愛的家人們，感謝你們的栽培與支持。

眼淚──給我勇敢的貓老大

我在走，可是眼淚停不下來，
有時候，眼淚就是停不下來，
淚珠負荷不起這過重的情感，
一顆、一顆地往下掉，
莫名的、累積的、想要傾洩的，
痛快地隨著地心引力墜落。

你用棕色的毛茸茸身軀，倚著我，
抬頭用你的琥珀色眼珠，看著我，
怎麼我覺得你的獨眼裡也有想墜落的透明淚水。

為了我而停不下來的眼淚嗎？
還是，為了你的即將遠行，
為了那六小時的時差，
為了那不熟悉的語言頻率，
為了那不同的風景色調與空氣味道。

不用怕，你的未來都會有我的陪伴，
我就是你失去的那顆眼睛，幫你看一半的世界，
替你流一半的眼淚。

我們一起走，儘管有時候，眼淚就是停不下來⋯⋯

Capitaine de Marseille

從法國到台灣，流浪的獨眼貓老大

　　我的法文名字叫Capitaine，字典裡翻譯為船長、隊長、頭目……等等，這是我在街頭鬥毆失去左眼一個多月後被取的新名字。法國人每次聽到我的名字，再看看我就會發出會心的一笑說：「Ha……C'est pour ça!（喔……原來如此！）」虎克船長不就是獨眼嘛！

　　這名字挺好發音，嘎·逼·蛋，所有在台灣的家人朋友唸起我的名字皆朗朗上口，甚至動物醫師們唸起它來都流暢無比，所以我一直沒有正式的中文名字。我的小愛人卡洛琳常對外暱稱我為「貓

老大」或是「獨眼貓」，直到這本書的誕生，她幫我取了個還算可愛的筆名，就叫「卡布點」。

　　成為這本書的主角，一切都因我那顛沛流離的成長背景與意外成行的跨國流浪而促成，我得將這段精彩動人的旅行經驗分享出去。

　　勇氣是我流浪的出發點，旅行是我流浪的實踐，愛是我流浪的終點。我希望人類萬物感染我們動物的率性可愛，世界會因這份純真與愛更美好。

　　「公貓，歐洲品種，法國馬賽籍，不幸已結紮，紅棕色虎斑，一九九七年一月六日生（據固執的法國獸醫猜測），晶片植於左肩胛，健康狀況良好。」這本貼著我的照片與一長串條碼的歐盟護照，是在巴黎二區昂貴的獸醫院裡拿到的，據說這藍色本子，可以讓我再次進入歐盟國家，證明我是隻來自法國的貓咪。這也是法國政府編訂給我的第一個法定身分，在此之前，我是一隻浪跡天涯的流浪貓。

　　要不是爲了跨越法國國界，我想這輩子都不會給自己這麼一個拘泥形式的貓身分。因爲我就是我，獨一無二，我可以以各種方式

Chat Marseillais

表現自我：一隻凶狠的角頭貓；一隻高傲的法國貓；一隻會寫作的文藝貓；一隻懂得品味的美食貓；一隻多愁善感的溫柔貓；一隻勇氣百倍的冒險貓；一隻愛遊走天涯的流浪貓。

　　當年在街頭鬥毆失去左眼後，好心收養我的安妮媽媽（Annie)將我取名為Capitaine（卡布點），我喜歡這個獨特的名字甚於街頭流浪時期的菲利克斯（Felix），這是我的救命恩人貝蒂太太（BETTY）幫我取的名字。

　　從菲利克斯到卡布點，代表著我從流浪轉變為旅行的貓生活，不論如何，我都沒有違背當年離家出走的初衷：當一隻無拘無束的流浪旅貓。陽光、香料、美食，還有什麼比在普羅旺斯當隻貓更幸福呢？

　　在每年平均三百天都有陽光灑落的普羅旺斯，我主宰的小幫派，就坐落在馬賽（Marseille）一區那幾條看來髒亂可怕的巷弄

間。還沒遇見卡洛琳與維克多這對小愛人前，我應該是隻一輩子只想在法國流浪的虎斑貓，即使選擇離家，過著餐風露宿的流浪生活。流浪沒什麼不好，在法國我們常說：「街頭生活是種生命的藝術哪！」

然而，生命要給我們驚奇總是說來就來，誰知道霸佔了大半輩子的角頭貓老大地位，因為一次的鬥毆失敗後不保。失去左眼後的世界讓我十分不安，在街頭冒險生存的勇氣幾乎只剩一半。眼看著寒冬將至，我得在又乾又凍的密斯托拉風（Mistral）來襲之前，尋覓一個溫暖的棲身之所，於是堅持流浪的理想只好暫時捨棄。輾轉間我來到馬賽一區的皮飾批發店裡，意外獲得一個食宿無虞的看店貓工作。想想，雖然不能流浪了，在人潮川流不息的皮飾店裡，總比當隻平凡的家貓有趣多了。（誰知道後來我還是成了安逸的家貓！）

沒想到陰錯陽差，人算不如天算，我加入了兩位「貧窮但恩愛的窮學生」的旅行生活，從熱情馬賽到自認為優雅（而我們馬賽卻是粗俗）的噴泉之都艾克斯（Aix en Provence）；然後陪著他們拎著大大小小的行李，搭上時速三百公里的子彈列車通往馬賽的世仇之都──巴黎。

在巴黎，除了到浪漫塞納河畔散步與偶爾到拉丁區著名的花神與雙叟咖啡館，學學沙特與西蒙波娃當隻文人貓外，無所事事的家貓生活，叫我懷念起街頭流浪與看店貓的熱鬧生活。我羨慕起在藝術橋上表演或是地鐵車站的街頭藝術貓，更嫉妒位於塞納河右岸莎士比亞書店（Shakespeare & Company）裡的那隻駐店黑貓與龐畢度對面茶館裡（salon du thé）的管家花貓。

我身體裡那股波西米亞的流浪勇氣就在適應獨眼生活後又開始蠢蠢欲動，多虧我這對小愛人總是居無定所，幾乎每幾個月就得遷移一次，我也樂得跟著他們四處旅行。夏天，我們跟著逃難似急切遠離巴黎到南方渡假的巴黎人一樣，南下回到普羅旺斯享受假期。然而，誰知道這是我最後一次返回故鄉。

二○○五年的炎夏，我的紅白色貓旅行箱再度被打開，離別前夕，卡洛琳擔心、緊張、害怕、不安的眼淚與嘮叨（這傢伙有時候真的很煩！）正式而且嚴肅地預告了我與法國的分離。

有什麼好懼怕的？我曾是混馬賽的角頭貓老大，天不怕地不怕，從法國到台灣，這一趟六千多英哩的旅程，彷彿都在紮起我的左眼後，一眨眼似地完成了！（果然我獨自在機尾貨艙中，毫無懼怕地經歷了十幾個小時飛行後，到達台灣中正機場。）

這是一段不算短的跨國旅行，我跟這兩位人類從陌生到密不可分，從法國到台灣，發生在旅行中大大小小美好動人的經歷，藉著這本書，由卡洛琳的文字書寫與維克多的影像設計，紀錄下我們一起實踐的甜美旅行。

我本來也計畫跟我這對小愛人們一起慶祝這本書的誕生，一起參與他們美妙的婚禮（連西裝都準備好了呢！），誰知道，人生又來個意外，要我這麼快就上天堂。難怪我們法國人總說：「C'est la vie！這就是人生啊！」就是因為它的意外連連，才需要我們走這一遭呀！

最後，請不要替我的離去悲傷難過，我經歷此趟貓生的目的是來享受與動物、與大自然、與人類之間的美妙情愛，我懂這些愛，也真確地擁有了這些。

雖然一年多前在馬賽街頭掉了左眼，但是在短短兩年旅途中所獲得的溫馨美好，讓我猶如重新擁有了左眼，因為這一路上，有太多太多幫我看一半世界的左眼。

感謝，一路上照顧過我、包容過我、被我不小心抓傷的大家。

這個由愛與勇氣寫成的真實旅行遊記，
獻給所有真心喜愛我們貓族與動物的你們，
獻給喜愛旅行冒險的你們，
獻給與我一路相伴的你們，
更獻給所有勇氣的你們。

請讓旅行繼續，讓真愛不止。

Gros Bisous,
Capitaine

> 「動物」這個字的字根源自於拉丁文的靈魂一語
> 然而，到底靈魂或心靈是什麼呢？
> 我們或許可以說，心靈是一個頻道，
> 經由它我們才能了解其他生物的內在本質，
> 並看見他們最美的生命精華
>
> 《我的靈魂遇見動物》（The Souls of Animals）
> 蓋瑞科瓦斯奇（Gary Kowalski）著

前 言 旅行會繼續

當我從法國中部歷史古都普瓦提耶（Poitiers）搬來素有藝術與噴泉之都美名的艾克斯・翁・普羅旺斯（Aix en Provence）之際，並不知道自己會意外擁有一隻曾浪跡馬賽（Marseille）街頭多年的獨眼貓，更不知道這隻獨眼貓，竟會帶給我勇氣，將投注於旅行生活的熱愛，藉由文字與影像，匯集成一本關於貓與旅行的書。

這是一個愛與冒險的故事，就像大部分的愛情故事一樣，有喜悅有悲傷，有快樂有痛苦，有獲得也有失去。我們都希望能永遠幸福快樂，但是故事注定要有個結局。

在這個愛與冒險的故事裡，主角是一隻四處旅行的獨眼貓，依隨他閒適自得的流浪態度，與隱藏在他粗獷外表下細緻善感的敏銳獨眼，從普羅旺斯到巴黎，從六個時差遠的法國到台灣，體驗一趟精采難忘的旅行生活。

這隻毛茸茸的紅棕色夥伴，我愛他比愛自己還多，奉獻給他的耐心比奉獻給我的男人、家人還多。面臨他病痛，預知即將失去他之際，我懷疑缺少了這個旅伴，該怎麼繼續我的旅行人生，我甚至懷疑，自己是否仍有勇氣再度去面臨生命中的失去？

他不只是一隻法國貓，他是我的一段美好法國旅程，我的可愛甜心，我的小男人，我的親愛家人。我好愛好愛毛茸茸的他。兩年前，他的一顆眼睛掉在馬賽街頭；而我的一半靈魂也留在法國。在法國，他撫慰我對台灣的思念；在台灣，我填補他對法國的思慕。

這些日子以來，我們相知相惜，交換國度生活著。旅行的緣分讓我們走入彼此生命深處。

　　然而，就在我書寫這本書的中途，我最健康的貓老大，突然病了。我們都知道生命的時光有限，不知道哪天時光會耗盡，我們能做的就是盡量快樂地過好每一天，開心的吃、暢快地玩耍、靜靜地發呆、熱情洋溢地撒嬌、隨心所欲地表達情感，把握每一分純粹的快樂與感動，這是我的貓老大教我體會的事。

　　病痛從緩慢到快速侵襲他，短短一個多月，從天堂跌落地獄的這段時光，我非常無助卻不絕望，因為坦然面對病痛的他，一直努力讓我感受到圍繞在身邊的愛，這些愛，在幫助我，也在引領著我。不論在法國、台灣或是病重之際，堅強懂事的他，總是知道如何將自己置於寬心自在的狀態。他一直引導著我跟他一起這麼做，我懂，我也在接受。

　　那是一個涼爽秋末，在我們最終一次的午后散步中，天剛飄完細細雨絲，有點微涼，溫度清爽舒適，他坐臥在翠綠草地上，蜷曲起靈活的虎斑尾巴，用它輕輕拍打身邊株株小草，低頭聞聞草地上濕潤的泥土香氣，掠過枝頭的秋風溫柔吹拂著他。此時，他深情望著我，琥珀色獨眼裡透露著無比滿足。

　　這一刻，他在享受也在感受，他是屬於大地、一隻無拘無束、到處遊走的天涯旅貓。他告訴我，他不能僅僅屬於我，我知道；他的肉身不能永遠陪伴我，我知道。我永遠不會失去他，他會一直在這裡，在我的心中，在白雲藍天中，在微風細雨中，他會無所不在。

　　旅行會繼續，人生仍會精采豐富，因為，我有滿滿的愛。

　　偶爾，我仍像往常一樣，坐在他最喜歡的搖椅上，不自覺地想起他，擁他入懷，輕輕柔柔地用法文對他撒嬌著：
" Mr. Capitaine, tu es le soleil de Provence. Mon petit prince, c'est le capitaine de Marseille..."
「卡布點先生，你是普羅旺斯的太陽，我的小王子，是來自馬賽的獨眼海盜船長……」

Capitaine de Marseille

Sommaire
un chat qui voyagait de France à Taiwan

目錄　　一隻從法國到台灣的流浪旅貓

Les vagabondages d'un chat marseillais et un couple étranger

【流浪首部曲　普羅旺斯　Allez! C'est parti en Provence!】

每每看到隨心所欲生活的法國貓咪們，總十分羨慕他們的悠閒自在。在沒有一隻毛茸茸的貼心伴侶可擁抱的日子裡，我的心裡開始有一股聲音，慢慢膨脹著：「如果有緣分的話，我會在法國養隻貓。」

我們的生活開始穿梭在艾克斯、薩隆與馬賽這二十五公里正三角形的距離之間，壯闊但不失迷人風光的普羅旺斯公路風景，伴著我們早出晚歸，直到兩個星期後，又發生了一件令人驚喜的事情。

應接不暇的客人，還有一張開嘴就如連珠炮般的法文，不僅讓第一天上工的我手足無措又慌亂不已。但是這隻貓，卻非常鎮定地坐臥在紙箱上，慵懶地擺動他的尾巴，沒有bonjour問好，更別說熱烈地搖尾巴迎接剛進門的客戶。

卡布點貓老大與大家的緣分從安妮媽媽所經營的「金氏皮革商店」開始。
留著一頭俐落白髮的貝蒂太太是當年在街頭餵養貓老大的恩人。她愛貓的程度已經到了有點神經質的地步，怎麼說呢？

房東馬克辛在巴黎長大，你知道嘛，巴黎人總是嚮往陽光，渴望逃離都市到蔚藍海岸邊或是普羅旺斯山城裡度假，所以當他在艾克斯求學的時候，就把這個當年居住的學生套房精心佈置一番，結果就成了現在充滿地中海風味的小窩。

「每當車子駛進艾克斯城，只要遠遠地
望見聖維克多山，他就找到了回家的歸
屬感。」聖維克多山喚醒了塞尚的繪畫
熱誠，也喚醒了我們與卡布點永不能割
捨的情感。當我們下定決心帶著他一起
北上巴黎時，我真不敢想像「馬賽貓北
上巴黎」這聳動的標題...

【流浪二部曲　巴黎 Les marseillais sont montrés à Paris】

我們正朝著北方走，逐漸遠離燦爛的陽
光，遠離故鄉。這麼做，是為了想冒
險，想流浪，想在生命裡留下一道道精
采難忘的足跡，人生是一趟趟充滿驚奇
的旅行，馬賽貓北上巴黎，有許多未知
的體驗在等待著我們一探究竟。

巴黎，在這個永遠都會取笑我們馬賽腔
的高傲花都裡，真意想不到，我會淪陷
在敵方的陣營裡。唉，沒辦法，還不是
為了我這對小愛人們。他們既然執迷不
悔地認為：「如果沒在巴黎生活過，就
不算待過法國！」
·巴黎計程車一：西班牙司機
·巴黎計程車二：非洲先生開的賓士車

這個似乎出現在電影《愛在日落巴黎時
》的石頭庭院，讓我們毫不猶豫地租下這
個非常合乎我們要求的完美小套房。再
者，以鬧區的租金價格來看，對我們兩
位還需負擔一隻難搞貓老大昂貴伙食費
的窮學生而言，實在合理。

塞納河邊的書報攤也紛紛營業，在這什麼都賣的觀光書報攤，關於巴黎的什麼似乎都可以買到。突然，我們瞥見一個似曾相識的影像，越看越覺得這隻綁著繃帶的獨眼貓像極了我們家貓老大。

大體說來，巴黎以外的獸醫師不僅親切而且總是一副樂天模樣，但唯一的共通點是：法國獸醫只相信自己，別人說的他都不信！

【流浪三部曲　台灣 La dernière étape, Formorsa】

我們開始在家裡幫他每日兩次施打皮下點滴、每兩天打一針皮下注射、天天餵他吃維生素、止瀉藥與抗生素。漸漸地我們法式小窩的浪漫氣息完全被令人不悅的藥水味與我們的陰鬱氣氛蓋過...

我在他耳邊輕喚著：「一路順風，我的卡布寶貝......」猶如站在戴高樂機場裡對他說Bon Voyage那一個分離的剎那，我永遠永遠捨不得跟他說再見......

‧貓式享樂，從陽光開始
‧流浪的人生，是幸福的
‧聚焦看人生

UN CHAT QUI S'APPELLE CARAMEL

Chapitre 1

落葉街上的焦糖貓

每每看到隨心所欲生活的法國貓咪們，就不由自主地羨慕起他們的悠閒自在。在沒有一隻毛茸茸的貼心伴侶可擁抱的日子裡，我的心裡開始有一股聲音，慢慢膨脹著：「如果有緣分的話，我一定會在法國養隻貓。」

在法國南部，陽光燦爛的普羅
旺斯，我有一個小小的地中海風味
小窩。那並不是一棟大洋房，也不
是一個華麗的房間，甚至，連普羅
旺斯燦爛的陽光都難得灑進屋內。
不過，這些都比不上我與貓老大一
起生活在那裡的回憶來地重要，那
是我們一起擁有的普羅旺斯小窩。
當我從馬賽拾回一隻髒兮兮、肥滋
滋的獨眼貓老大，那一天起，在這
個三十二平方米的空間裡，我們讓
愛苗萌生，我們讓第一隻貓走進生
命裡，他則讓第一對人類正式成為
家人。

擁有一隻法國貓，讓我與法國之間，以一種深刻與強烈的情感維繫著。即使在幾個月前他的肉身已經離我而去，但是我從不曾感覺他的離去。他跟著我們從法國旅行到台灣，最後，我又搭上飛機，再次穿越一千多英哩，帶著他回到法國，把他軀體的灰燼灑在馬賽舊港前的美麗地中海，讓他永恆地在故鄉安息。有一部分的我，至今依然留在那裡，跟著我心愛的獨眼貓，長存在這一片廣闊的海洋之中。失去他，是生命之痛，但更讓我覺得真真切切地擁有了他。

　　在旅行中與他相遇，從身為一位愛狗人士對貓的敏感害怕，到瘋狂愛上貓的獨立溫柔，擁有一隻法國貓，不僅讓我更融入法國當地，更讓我在旅行中以多種心態來體驗生活，我不僅是一個外來的台灣旅人，更是一隻生活在法國的獨眼貓老大。這是我在旅行中喜獲的一份珍貴禮物。

　　我對法國一直有種莫名的情愫，無法言喻的愛慕。雖然大學時唸的是阿拉伯文，但我卻把學習阿語的熱誠全都投擲到法文裡。唸法文不僅讓我愉快，更讓我隨時沉浸在浪漫的法文韻律裡。不上課的日子，不，甚至該去上課的日子，我都待在打工的咖啡館裡，一邊煮著咖啡，一邊唸著法文，想像著法國的一切。那時候，紅酒、乳酪、棒子麵包、浪漫的塞納河與傳說中的艾菲爾鐵塔，全是夢裡思慕的影像。

　　畢業後的幾年，我努力工作也經常周遊列國，但是飛往法國求學與生活的夢想一直潛伏在心中，渴望不曾熄滅過。終於，遠行的那天順利到來，我有一筆可以維持幾年歐洲生活的旅費，還有我心愛的男人決定棄英從法，雖然一句法文都不會，但他決定放手一博，為愛走天涯。當然，他也等著驗證法國是否如我想像中的浪漫美好。

　　第一次離家那麼遠，第一次與一起生活了十三年多的狗寶貝分開，家的一切讓我掛念，分離更讓我傷心不捨。遠赴法國那天，一路上我的淚水隨著機窗外的氣流，從飛機起飛一直到降落巴黎戴高樂機場為止，奔流不歇，撲通撲通地往下掉，淚腺不知怎麼地找不到停止的按鈕；帶著貓老大回到台灣的那一趟飛行，

停止的按鈕又再度失靈；更不用說失去他的現在。分離讓人既敏感又害怕，彷彿所有隱藏的情感總在等待著離開的瞬間，一傾而出，赤裸裸地告白生命，深怕錯過什麼似的。

　　第一年的旅法生活，我們在一個叫做普瓦提耶（**Poitiers**）的小鎮上渡過浪漫又愉快的一年。比起台北，這個人口不到八萬的小鎮簡直人煙稀少，即使在最熱鬧的市中心，所有的東西（除了咖啡館與教堂外）仍以極精簡的數量存在著：一間百貨公司，一家複合式商場，一棟綜合視聽圖書館，一間大學，一個車站，與一條隨著四季變化的河流。這些迷人中的迷你，同時擁有大城的便利與小城的靜謐，透露著生活的恰到好處，也讓我們初次感受到「原來，不需要任何一家二十四小時便利商店，我們的生活也能進行地如此順暢快活。」

　　到達小鎮的那一個下午，我們彷彿外星人降臨地球一般，杳無人煙的市中心，沉靜無聲，似乎整個城裡的人都埋頭在午睡裡。手裡各自拿著折了一半的棒子麵包，邊啃著它邊漫步，依隨著視線裡綿延不絕的奇幻景緻前進，（奇幻或許是因為時差與光線的關係），不知不覺我們走到了城裡的大廣場，眼前矗立著一間灰白色的石頭教堂，翻了翻手上的旅遊書，對照了教堂的形狀，沒錯，它就是小鎮裡跟居民們最息息相關的聖母院（**Notre Dame la Grande**）：「建於十二世紀的聖母院保存

著羅馬式粗獷古樸的建築風格，位於城中心，所在的廣場是普城
最熱鬧的露天市場，莊嚴的古蹟融入市井小民的生活中，感覺親
切⋯⋯」

　　穿過低矮的拱巷，走進了旅遊局才發現，原來剛剛跟聖女貞
德雕像合影的地方法院（Palais de Justice），竟是當年審判貞
德的地方。接著，我們沿著大街（Grande Rue）緩緩地下坡行
走，兩旁古典袖珍的家家戶戶，緊密地依偎在一起，我想光是一
丁點聲響，就足以吵醒本區的住戶。大街的盡頭是環繞普城的可
朗河（Clain），河畔邊有許多石頭坐椅供人休憩賞景，沿著河畔
而建的幸福人家，他們的後花園就緊緊挨著可朗河。最會享受生
命的法國人，在他們的後花園裡擺起餐桌圓凳，在此渡過美妙的
下午茶時光或是進行歡樂的家庭好友聚會。

23

眼前的一切，簡直讓我們看呆了。沒想到地球上真有人這麼幸福悠閒地過日子，但很快地我們馬上在遍布巷弄間的貓咪身上察覺，原來，連他們的生活也如此令人心生嚮往。展開法國生活的第二天，在屋外那條彎彎長長的落葉街，我遇見了第一隻法國貓咪 — 焦糖（Caramel）。

這可愛的甜心撒起嬌來就像他的名字一樣，讓人心頭甜甜又蜜蜜。第一次在落葉街遇見他，我便沉迷在他圓滾滾的身軀下。從此，每次經過焦糖的獨棟大豪宅，我總期待遇見在石頭窗台上享受戶外微風的他，我渴望摸摸他毛茸茸的肉肉身軀，更貪戀他給予的溫柔撒嬌。在這之前，因為家裡養了一隻討厭貓的狗老大，我一直沒有機會接觸貓咪。來到法國鄉間後，發現貓咪處處可見，他們或是閒適地坐在石頭步道上打盹，或是慵懶地趴臥在籬笆牆上，人們一靠近，他們不是半瞇著眼視若無睹，便是摩蹭著撒嬌示好。

我跟焦糖貓的友誼隨著每天見面的bonjour問候，悄悄地並且快速地累積著，焦糖貓的胖胖身軀與可愛身影，是我每天踏出小屋外的第一個期待，每天短短幾分鐘的會面，都是一日之中的快樂泉源。

從胖焦糖身上，我開始一一體驗人類與貓咪的互動，也是他讓我第一次感受了傳說中的貓打呼嚕。那是個非常寒冷的夜裡，焦糖被粗心的管家遺忘在豪宅外，我們才剛從打算徹夜狂歡的聚

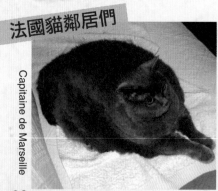

Capitaine de Marseille

富豪房東家的十三歲貓老爺

好友家的Absinthe（阿布森）

總是神經兮

會中偷偷溜回家，焦糖在落葉街上一看見我們，馬上施展他濃稠的焦糖功力，黏著我們直到敞開著暖爐的溫暖家中。家裡第一次有動物光臨，讓我欣喜若狂，從沒養過貓，不知該用什麼招待這位貴客，我打開冰箱，左手猶疑在上層的乳酪塊與下層的鮮奶瓶間，想了一下，愛吃乳酪的應該是老鼠吧！於是倒了半碗鮮奶，加熱後雙手小心翼翼地將它捧到焦糖面前。這小胖貓完全顧不得一貫的優雅形像，飛快地在牛奶裡擺動舌頭。突然，我們聽到一陣又一陣的咕咕聲，側耳仔細傾聽，彷彿有一隻鴿子，難道會是一隻老鼠，從焦糖肚裡發出怪聲，越來越響亮。怎麼辦？要吐了嗎？在慌亂中，維克多抱起還在喝牛奶的焦糖，往門口輕輕一丟。現在想起來，真是不好意思，原來沒有鴿子更沒有老鼠在他的肚子裡，這是貓咪用來表達開心滿足的方式！

　　愛上貓，是我旅居法國的一項重大驚喜，我想，應該說是上天在旅行途中賜與我的一份珍貴禮物。每每看到隨心所欲生活的法國貓咪們，十分羨慕他們的悠閒自在。在沒有一隻毛茸茸的貼心伴侶可擁抱的日子裡，我的心裡開始有一股召喚的聲音，慢慢鼓脹著：「如果有緣分的話，我一定會在法國養隻貓。」

（老虎）　　　　　　　Caramel（焦糖）　　　　　　最喜歡在街上溜達的Milou（米露）　**25**

Salon de provence - Aix en provence - Marseille

Chapitre 2

薩隆德普羅望斯
艾克斯翁普羅旺斯
馬賽

我們的生活開始穿梭在艾克斯、薩隆與馬賽這25公里正三角形的距離之間，壯闊但不失迷人風光的普羅旺斯公路風景，伴著我們早出晚歸。直到兩個星期後，又發生了一件令人驚喜的事情。

亞維儂
Avignon

尼姆
Nimes

薩隆德普羅旺斯
Salon de Provence

艾克斯翁普羅旺斯
Aix en Provence

馬賽
Marseille

冬日裡的葡萄園

酒莊裡遇見貓屁股:)

聖艾米倫-微醺之園

　　當時雖然只在法國度過了短短一年多的時光，我們不僅十分融入紅酒乳酪與棒子麵包的法式生活，更結識不少養貓的法國友人，養貓的念頭一直在萌發。然而我不知道，竟會在離開普瓦提耶剛抵達艾克斯之際，在適應新生活的慌亂時刻，讓一隻曾經稱霸馬賽街頭的角頭貓老大闖入我們的兩人世界。而我們更不知道，決定居住的艾克斯，竟不是我們即將工作與求學的地方！

　　南法的美麗風光，一直讓人神往，早在第一年選擇求學與生活地點時，我便毫不考慮地選擇了艾克斯。然而在某些因緣際會下，我們反而前往法國中西部小城去，那時候心想，靠近擁有九千多座酒莊（château）的酒鄉波爾多（Bordeaux），也挺令人心動的，而且一想到就有微醺的幸福感。很幸運地，這個突發的決擇沒有出錯，培育出許多學術大人物，如文哲笛卡兒（Descartes）與傅柯（Foucault）的普瓦提耶大學（Université de Poitiers），擁有非常適合學習法文與體驗法國生活的絕佳環境，大學所附設的語言學校不僅師生互動熱烈、教學品質良好、說英文絕對不通、生活費更是便

Poitiers的笛卡兒街路牌

宜，我們貪婪地、毫不保留地享受人生中最美妙的十個月幸福時光。

結束了第一年的語言學校生活，在不捨中揮別了可愛的各國同學，含淚告別了落葉街上的古典套房與焦糖胖貓，轉往陽光燦爛的普羅旺斯繼續求學與旅行。每當我們提到普羅旺斯，每位認識的或不認識的人（包括車站的售票人員），總難掩興奮地對我們說：「喔！普羅旺斯！那是隨時有陽光的天堂哪！」

沒錯，在一年平均日照三百天的普羅旺斯，隨時陽光普照，就連刮風下雪的嚴冬，太陽仍像一朵鮮豔、永不凋零的花朵高掛天空。我們帶著如此充滿陽光的心情，從普瓦提耶搭了六小時的火車，風塵僕僕到達艾克斯，準備展開陽光新生活。

「艾克斯比馬賽細緻，比亞維儂（Avignon）優雅，比亞爾（Arles）現代，比尼姆（Nîmes）多了一分藝術氣息。無論你走到城市的哪個角落，都會看見一個個或大或小，水聲不斷的噴泉，尤其是午后，站在陽光篩過的梧桐樹蔭下，聆聽寂靜小廣場上低語般的泉水聲，彷彿一下子讓人回到十七世紀的義大利……」旅遊手冊如此形容，而對於初抵普羅旺斯的我們來說，艾克斯正如旅遊書上的描述，燦爛陽光、源源不絕的泉水、腳下的石板路，無處不充滿迷人的優雅風采。

艾克斯 米哈波大道

長滿青苔的熱水噴泉

噴泉之都 — 艾克斯

猶如藝術品的九卡農噴泉

18世紀啓用的亞耳貝塔噴泉

Capitaine de Marseille

艾克斯在古羅馬語中為水的意思，因為在這面積只有十八點六平方公里的小城市裡，總共有二十三座噴泉散落其中，所以艾克斯素有普羅旺斯水都的美名，泉水不只是艾克斯城的歷史起源，更是其重心所在。

　　我們兩位老外各自拖著二十九吋的大旅行箱，走進車水馬龍的市中心，一路上旅行箱的輪子與腳下的石版步道摩擦出的聲音，與街道旁源源而來的泉水聲相互呼應著。走進市中心第一個迎面而來的是華麗噴泉圓環拉侯東德（La Rotonde），往前穿過車水馬龍的圓環後，映入眼簾的是充滿梧桐綠蔭的米哈波大道（Cours Mirabeau）。大道從入口前的戴高樂廣場（Place du Général de Gualle）到盡頭的弗賓廣場（Place Forbin），依次出現其中的噴泉為：猶如藝術品的九卡農噴泉（Fontaine des Neuf Canons）、長滿青苔的熱水噴泉（Fontaine d'Eau Chaude, dite Moussue）、以及手拿著葡萄串的雷奈王噴泉（Fontaine du roi Ren），據說國王手上的蜜思加葡萄（Muscat）是由他引進普羅旺斯的新品種。每次跟友人約在雷奈王噴泉前見面，等待的時候我常常望著蜜思加國王手裡的葡萄，瘋狂想念起台灣的各樣水果，雖然普羅旺斯的蔬果可稱得上全法國最豐富，但它還是比不上位於亞熱帶的水果王國台灣啊！

　　往後的日子裡我們對這些噴泉的名稱與地理位置皆熟稔不已，因為只要友人們來訪，包括貓老大初次到達艾克斯之際，我們都會詳細介紹一路上經過的大小噴泉，而這些噴泉無疑是法國人保存下

手拿著葡萄串的雷奈國王

31

市政廳前的噴泉潛水客

來最自然無價的藝術品。

　　夏天總是滿佈梧桐綠蔭的米哈波大道兩旁商家林立，一邊是餐廳、商店、露天咖啡座；一邊是銀行、辦公大樓與豪宅，我們的新家就坐落於米哈波大道右後方的費爾儂多街上（Rue Fernan Dol）。彎曲迷人的小巷裡無奇不有，從手工藝品店、畫廊、古董店、糕餅舖、精品店、咖啡廳、餐廳到販售普羅旺斯傳統文物的特色小店，穿梭在巷弄間，無時無刻都能感受艾克斯城的活力與優雅。

　　黃色燈海下的露天廣場，排列著普羅旺斯色調的桌椅，一道道溢著香味的美食，清脆的杯盤碰撞聲，夏末微涼的晚風吹送著用餐的味道，初到此處的我們幾乎天天沉浸在充滿咖啡與陽光的露天座位裡，享受眼前最悠閒不過的人生。然而，直到簽好房租契約的當天，新房東馬克辛（Maxime）的這句話終於喚醒了我們兩位仍在歡愉假期中的偷懶學生：「對了，你說你的學校在薩隆‧德‧普羅旺斯（Salon de Provence），那麼，從艾克斯到那大約有二十五公里的距離喔。」當初選擇住在艾克斯市中心，就是因為離維克

多的學校只有短短幾個街口遠，但是我們卻一直有個疑惑：為何學校地址的結尾，寫的是薩隆‧德‧普羅旺斯而不是艾克斯‧翁‧普羅旺斯？「反正都在普羅旺斯裡！」當下我們決定把這問題拋諸腦後，繼續窩在露天咖啡座裡消磨最簡單不過的時光。

「二十五公里？」我跟維克多相視幾秒後，一致默契地認為房東一定是把二點五公里説成了二十五公里。「Non, non, non!」房東連續説了三個不！確定是二十五公里沒錯！「不用擔心，每天都有巴士從艾克斯出發到薩隆。」他接著説。「巴士？」我對於這個距離與數字所引發的問題越來越覺得疑惑，於是我們一起翻開桌上那張剛從市中心的旅遊局（Office de Tourism）拿到的熱騰騰地圖討論了起來。「二十五公里？從這裡到阿里斯提‧布里昂大道（Blvd. Aristide Briand），真有二十五公里這麼遠……？」我用小姆指指著地圖北方，然後比了比，從地圖上的比例看來，的確比較接近二點五公里距離……

「不不不！從我們這條費爾儂多街（rue Fernand Dol）到阿里斯提‧布里昂大道只要走個十幾分鐘啊！但是，從我們這裡到薩隆‧德‧普羅旺斯，的確要二十五公里！」房東又説。「妳聽懂了嗎？」維克多問我。

Aix 地圖

我看了看一旁跟我一樣一臉狐疑的房東，剎那間，懂了。

「我們原以為只要走十來分鐘就到達學校，現在，它卻遠在二十五公里遠的另一個小城。」我回答。「也就是説每天在太陽剛露臉時，你得搭乘第一班巴士，出發到二十五公里遠的薩隆，更重要的是，在太陽下山前，你得分秒不差地趕上末班巴士回到二十五公里遠的艾克斯！」説著説著，覺得自己的領悟力真是不賴。

原來，在二十五公里遠的薩隆·德·普羅旺斯也有條大道叫做阿里斯提·布里昂，而我們一直把艾克斯的阿里斯提·布里昂大道當成是薩隆·德·普羅旺斯的阿里斯提·布里昂大道。怎麼辦？才剛剛簽好一年的合約？

奇妙的是，（或許是貓老大的安排？！），幾天後我意外地在距離艾克斯二十五公里遠的馬賽獲得一份打工機會，所以學校沒課的日子我幾乎都要前往馬賽工作，就距離來説，艾克斯剛剛好位於馬賽與薩隆中間，這樣陰錯陽差地，我們反而選對了居住地點。

我們的生活開始穿梭在艾克斯、薩隆與馬賽這二十五公里正三角形距離之間，每天早上六點我們就得離開溫暖的被窩，沒有豐富的漢堡蛋早餐，但是一杯香濃的咖啡歐蕾（Café au Lait）配上幾片抹著果醬的麵包片（tartine），這美味的法式早餐是我們最好的起床鬧鐘。在天未亮的七點鐘準時出門，最艱苦的時刻莫過於苦寒的冬日早晨，那陽光似

乎不會普照普羅旺斯的時刻，我們得在凹凸不平的古老石版道上行走半個小時。當天色由幽暗轉為藍灰，我們已經穿過一個個百年噴泉與一棟棟古老建築到達艾克斯的公路車站（Gare　Routière），接著我們各自搭上通往薩隆與馬賽的隆河省藍色大巴士（CG13），壯闊但不失迷人風光的普羅旺斯公路風景，伴著我們早出晚歸。

直到兩個星期後，另一起旅行中的美麗意外跟著發生了。當生命中的驚奇要出現時，總像這樣，說來就來，完全不預留任何準備的片刻。

那天晚上我從二十五公里遠的馬賽打電話給剛從薩隆下課回到艾克斯家裡的維克多：「你等一下到車站來接我喔。」

「唔，還有啊，別忘了買幾包貓沙與貓食……」

「貓沙？！貓食？！」電話彼端傳來意料中的驚訝。

「Oui！（是的）」（我想此時說法文應該會讓他鎮定些……）

「待會下班，我會帶那隻獨眼貓回家……」我含糊地說著。

「哪一隻？」我想他心裡有底了，畢竟我們在法國見過的獨眼貓不多。

「那隻……那隻塊頭很大、又少了一隻眼睛的紅棕色虎班貓嗎？！」

「Oh！Mon Dieu！（喔！我的天啊！）」我迅速地掛上電話，就讓我們的對話停止在「喔！我的天啊！」有事，看到貓再說吧！

經過一個多小時的週五尖峰下班車潮，從馬賽出發的藍色巴士終於

35

到達位於艾克斯市中心歐洲大道（Avenue de l'Europe）上的車站，我雙手環抱一只重達七公斤的大貓龍，舉步維艱地走下巴士，體貼的維克多早已提著貓沙與貓食在車站前等候。

　　故事就這樣開始。我從二十五公里遠的馬賽街頭拎來一隻髒兮兮、肥滋滋、長相凶狠的獨眼貓，此舉不僅嚇壞了自己，我給維克多的驚喜（嚇），又添一樁。二〇〇四年十月二十二日，在透著粉紫色的黃昏餘暉下，我們兩個來自台灣的老外，拎著一隻完全聽不懂中文的馬賽貓老大（天啊！他還是我們生平以來擁有的第一隻貓！），踏上車水馬龍的米哈波大道，往費爾農多街上的家前進。

　　白天我們兩人一貓人各自在距離二十五公里遠的城市裡，天一黑，我們三位異鄉遊子就相聚在艾克斯的藍白小窩裡。擁有一隻貓的生活，會是什麼樣子？在期待與不安中，我們正準備開始體驗「在陽光燦爛的普羅旺斯裡，擁有一隻獨眼貓老大的生活」。

十三巴士（LE CG13）

　　貓老大的第一趟旅行從馬賽到艾克斯，乘坐的是來往在隆河口省（Bouches du Rhône）的十三巴士（LE CG13），這藍色大巴的交通系統遍佈整個隆河口省，共十二條行駛路線，其中以馬賽到艾克斯的通勤路線最為密集，上下班的尖峰時段每五到十分鐘就有一班巴士。

這是我們的學生月票

　　這四十歐的代價讓我們在一個月內可不限次數地穿梭在普羅旺斯各個重名的景點如：梵谷畫中的亞爾（Arles）、軍事雕堡薩隆德普羅旺斯（Salon de Provence）、舊皇宮亞維儂（Avignon）、橄欖樹之鄉雷波堡（Les Baux de Provence）、瀕臨地中海的卡西斯（Cassis），此城有段被喻為地中海最美海岸的喀隆克岩岸（Les Calanques）與聖瑪麗（Saint Maries de la Mer），此城以北四公里處有個地中海沿岸著名的自然公園卡馬克（La Camargue）。在普羅旺斯旅遊，四通八達與車資便宜的CG13(www.cg13.fr)巴士，是個不錯的選擇。

*關於CG13的行駛路線與各種票價，可以從此網站www.lepilote.com查得。

Mon patron est un chat capitaine

Chapitre 3

我的上司是獨眼貓老大

應接不暇的客人，還有一張開嘴就如連珠炮般的法文，不僅讓第一天上工的我手足無措，更是慌亂不已。但我身旁這隻貓同事，卻非常鎮定地坐臥在紙箱上，慵懶地擺動他的尾巴。面對著比我早上工一個月的貓老大，我這菜鳥有什麼可抱怨的呢！凡事還得承蒙貓老大多多關照。

第一次到達馬賽，我們比誰都興奮，這個在盧貝松(Luc Be-son)電影《終極殺陣（TAXI）》裡被刻畫成流氓之都的危險馬賽，即將成為我工作的地方，光用想的，就足以令人全身打起哆嗦！CG13巴士緩緩靠近小凱旋門旁的站牌，隔著車窗目睹一輛輛頂著《Taxi Marseille（馬賽計程車）》招牌的白色標誌406汽車，那種狂喜，簡直像見到心目中偶像一般！然而當我們的步伐一踏出安全的車廂外，興奮的心情瞬間被滿街流氓亂竄的景象拉回現實。眼前的街頭景象，亂得可怕！在電影裡，它龍蛇雜處的亂象讓我們覺得新奇，甚至拍案叫絕，但在現實生活裡，身為異地旅人的我們不由得對此心生懼怕。

在學校還沒開課時，我已經開始在馬賽皮飾店打工，上班第一天是我第三次前往馬賽。當然這一天，體貼多慮的維克多又陪著我到達馬賽，直到看著我安全走入店裡才離去。

貓老大度流浪了將近十年的馬賽街頭

　　第一天上班，老實說心裡非常忐忑不安，因為我才剛從台灣放了好幾個月的假回來，心虛地認為大部分的法文應該都還給老師們去了。更糟的是，幾分鐘後我察覺一個非常嚴重的問題，迫切地需要我去克服，那就是「馬賽腔的法文」。我學習法文的巴梧夏朗區（Poitou-Charentes）靠近羅亞爾河地區（La Loire），此區說的法文被公認為「正統好聽」。然而南法地區的法文腔調，我一來便覺得鼻音偏重，尤其是帶著又濃又重鼻音的獨特馬賽腔。什麼在我耳裡聽起來都像是ㄤㄤㄤ！例如有個客人問我：「Vous avez des gens？（你們有賣手套嘛？）」"gens"法文發音為「頁」，但這位客人卻發音為「槓」！情急之下，我以為他要買"gun"（英文的槍），驚嚇之餘差點請同事們通報警察，這裡有個正想行兇作案的歹徒！

　　皮飾店的大門準時在每天早晨九點敞開，繁忙的一天隨著大家喝完手裡熱呼呼的晨間咖啡後開始。第一天的看店生活，真是讓我眼界大開，短短一天之中，我想大概把這一年多在法國從沒接觸

41

過的異國人種通通聚集起來了。一開始除了膚色以外，我分辨不出誰是百分之百法國人、誰是西班牙裔、義大利裔、吉普賽人與猶太人，因為他們看起來都像是白人。黑人顧客從咖啡黑到純黑色都有，（後來我才知道他們來自不同的國家，像是位於西印度群島中的法屬馬丁尼克島（Martinique）、非洲的象牙海岸、與南法關係密切的北非塞內加爾、阿爾及利亞與突尼西亞……等。）男的一天到晚問我：「有幾個老公？介不介意再多一個黑人老公？」，女的總是裹著一身花綠綠的大洋裝、說話嗓音如雷貫耳。一開始最令我反感的客人就是這些潑辣的黑婦人，貓老大也是！第一個讓我們不喜歡的就是她們的大嗓門，不管說的內容是什麼，一出口就讓人覺

得頤指氣使，或許因為我的黃皮膚關係，她們說話的分貝提高不少！我想貓老大也會附和著：「或許因為我是獨眼，她們跟我說起話來，像是跟一隻連畜生都不如的生物在說話！」

因此，他曾在一位非洲裔婦女的黝黑小腿上，狠狠地、毫不留情地咬一大口。只可惜這一口，發生在我尚未到達皮飾店工作之際，不然，我真想目睹這痛快的一刻！

應接不暇的客人，還有一張開嘴就如連珠炮般的法文，不僅讓第一天上工的我手足無措，更是慌亂不以。但我身旁這隻貓同事，卻非常鎮定地坐臥在紙箱上，慵懶地擺動他的尾巴。

大多數時間，他總是閉上他的獨眼，沒有bonjour問好，更別說熱烈地搖尾巴迎接進門的客戶，偶爾睜開他的獨眼瞄瞄客人，已經算是他最熱情的招呼方式了。

面對著比我早上工一個月的貓老大，我這菜鳥，有什麼可抱怨的呢！凡事還得承蒙老大多多關照。不過奇妙的是，這隻傲慢的貓老大卻能舒緩我緊張的工作情緒。摸摸他，跟他說說話，與他一起分享盤裡的烤雞（Poulet Rôti），這些小動作隨時都能讓我重溫狗寶貝就在身旁的幸福。

「以慵懶的睡姿迎接顧客」或許你會質疑貓老大的工作態度，為何不像那隻舉起右手的招財貓一樣，賣力地擺呀擺、晃呀晃地招攬客人入店。

原因很簡單，因為，他是隻獨眼貓！

只需他靜靜地躺在裝滿皮包的紙箱上，乖巧地接受從頭頂到下巴的輕輕撫摸，（當時的他仍是野貓性格，頭部以下摸不得！），他會適時擺動他靈活的虎斑尾巴回應著顧客們的撫摸。接著等他緩緩抬起頭那一剎那，動人的時刻來了……愛貓的客人會一把抱起看來楚楚可憐的貓老大，然後望著他缺少眼珠的左眼窩，以熱情澎湃、提高八度的聲音說著：

　　「Oh……！Regard toi！Tu es beau！Mon petit cheri.」

　　（「喔……！看看你呀！你真帥氣喲！我的小親親。」）

　　高傲的他通常不大理會這些愛憐與甜言蜜語，搖搖尾巴，已經是他最友善的反應了，我想就是這傲骨之風讓貓老大這麼受人迷戀吧！

　　每個星期二與星期五是皮飾店的進貨日，狹小的店裡，瞬間塞滿了一百多箱貨物，年輕、孔武有力的送貨工人搬運箱子像丟炸彈

一樣，總是砰砰砰地把貨物往店裡一甩，冷靜沉穩的貓老大卻絲毫沒有害怕的跡象，他只會輕盈地跳上後方高櫃，一副工頭模樣監督大家：「別偷懶！快理貨！」這種天不怕地不怕與鎮定自在的老大性格，最適合當隻看店貓，他還真挑對了工作。當隻看店貓唯一困擾他的，我想是他一身容易與店裡毛茸茸的動物皮包混淆在一起的紅棕色虎斑毛髮。眼光不敏銳的顧客，常以為他是個孩童專用的豹紋背包，一把將他騰空抓起，隨之而來，必定是顧客的陣陣尖叫聲或是響徹整間店的爆笑聲！

　　而我這既沒有楚楚可憐的獨眼，也沒有毛茸茸虎斑外衣的亞洲女子，雖沒有顧客的憐憫與愛撫，但偶爾也有熱情澎湃的搭訕，法國男人的紳士風度，某些時候真讓人覺得體貼。

　　「小心喔！別掉下來！」當我爬上小樓梯幫他們拿貨時，他們會說；當我找不到他要的包包時，他們會說：「沒關係，慢慢來。」然後一起幫我找！當他們特別用家鄉話跟我問好時，一定會註明：「那是因為我覺得你漂亮！」在街上拒絕他們一起喝杯咖

45

啡的搭訕時，他們會說：「好可惜，不過還是祝你有個美好的一天！」

來往在店裡的客戶眾多而繁雜，新客戶絡繹不絕，老顧客更是天天光顧，店裡工作氣氛猶如大家庭般地和諧融洽，鬧哄哄的歡笑聲常讓這裡像個活力十足的普羅旺斯市集。

人情味濃厚的馬賽人，做起買賣就像談情說愛般，一旦跟來往的商家們熟稔後，大夥就像家人朋友一般誠信互重，在重視生活品質甚於一切的工作環境裡，金錢與利益不是生意買賣的基礎，濃厚友誼才是。

再者，工作萬萬快不得，通常客人們進店裡來，大夥得先親親左右臉頰，當然全店的工作人員都要親，常常我得躬身向前，隔著滿地的皮包跟客戶們來個空中親親。

算算我在皮飾店打工的日子有七個多月之久（最後總算超過了貓老大看店的日子，因為他提早辭職享樂去了），一天內會有哪些客人光顧，大概都知道。除了喜歡小動物外，我非常喜愛與人群互動，從台灣到我愛的法國，我珍視每一刻的情感互動。在這裡打工是接觸異國生活最好不過的體驗，而在店裡待一天可抵過一個月語言學校的口語課，我想這樣說，一點都不誇大。只是不自覺的 putain（bitch）、merde（shit，但是某些時候表示bravo），這些「在地化」的語助詞常在不知不覺中參入了日常對話中……

馬賽人真的好愛說這兩個字，高興時也說，驚訝時也說，更不用說生氣時！

某次跟一位常到店裡來的北非籍客人聊天，原來他老兄一直以為我未滿十八歲，是個遠渡重洋到法國工作的中國小女生！「Non! Non! Non! Pas du tout!（不！不！不！完全不對！）」第一，我來自台灣，在中國隔壁。「D'accord……（了解……）」他一副恍然大悟，但幾秒鐘後又有點不知狀況地嘟起嘴來（法國人實在很愛做這表情）。還有，大多數的人幾乎分不清中國與台灣的地理位置，

美艷動人的同事葛拉莉絲（Clarice）

甚至是台灣（Taiwan）與泰國（Thailand）。唉，一開始這很令人納悶，但到後來我只能套用朋友說的話安慰：「法國人（或許只是少數?!）真是永遠只看得見法國的井底之蛙！」第二，十八歲再加上「十歲」，是我的年紀。「Oh……merde! C'est pas vrai!?」「喔！XX！不是真的吧！？」第三，我已經大學畢業啦！他問我的專業是啥，我說阿拉伯語文學。「Oh……putain!……oh……merde!」他又連罵兩句髒話來表示驚訝！

從以上的對話不難察覺，說話時若不帶merde、putain就缺少了表達的生動，所以你知道馬賽人無時無刻都在表達他們的熱情，我很喜歡也很融入這些熱情裡，包括這些增添情趣的髒話。就連貓老大也也不例外！他尤其喜歡這個與他名字字尾一樣發音的" putain"（以馬賽腔發音，字尾都唸成「蛋」）。

因為感染太多的馬賽熱情，也為了討好貓老大，才往返馬賽短短幾個星期，在維克多的嘲笑與提醒下，我察覺自己的法文已在不知不覺中參雜了尢尢尢的馬賽腔！

在店裡每天接觸形形色色的顧客，這精采程度不亞於貓老大當年流浪街頭的景象。貓老大一天的看店生活大概

47

...Me voilà !!
Je m'appelle LÉANE
je suis arrivée pour vous
le 12 juin 2005 à 17h15
et j'espère faire scintiller
des milliers d'étoiles
dans vos cœurs...

尚皮耶與他在二○○五年六月十八日誕生的小甜心蓮恩(Leane)。
右圖是他跟太太親手做給我們的小卡片。

如此：通常等我們喝完早晨第一杯香濃的小café後，同事尚皮耶（
Jean-Pierre）會先把店裡清掃與托理一遍，他最痛恨夜宿店裡的
貓老大所製造的一團髒亂，總是一邊清理一邊罵著：「Putain, ce
chat!」「XX，這隻貓！」別看他黑，他是位很愛乾淨的潔癖男
子！

　　尚皮耶是來自塞內加爾的北非移民，生性幽默樂觀，是店裡
的開心果。他常把「noir(黑)」掛在嘴上，每當有客人指定要買黑
色皮包時，（尤其是黑人顧客，對他們而言，如果任何一樣皮件的

Capitaine de Marseille

充滿各式人種的馬賽街頭。

款式缺少黑色，他們的表情就像世界末日一般，當然putain是一定會罵的……），此時尚皮耶便會洋洋得意地拍拍自己胸口說：「黑的，像我一樣啦！」

他七歲到了馬賽，長大後曾在巴黎工作了幾年，但是巴黎的酷寒與冷漠（據他說），更讓他決定在溫暖與親切的馬賽生根。每天他都在我耳邊歌頌著馬賽，不只一次對我說：「小卡洛（這傢伙最喜歡以小名喚人，藉此凸顯他跟朋友間的親暱），妳知道嗎？這裡是馬賽，不是法國。」接著他更激動地把左手放在右胸前說：「我們說馬賽就是馬賽，它是獨一無二的，你明白嗎？」貓老大在一旁頻頻幫我點頭。

言下之意，馬賽就是獨立於法國外的馬賽，我百分百贊同。怎麼說呢？在這個有百分之八十以上不是百分百法國人的城市裡，常常會讓人忘卻身處法國。

二千六百年前建城的馬賽，位於法國南方，為隆河口省(Bouches-du-Rhône)的省會，全城有五十七公里瀕臨地中海，總人口數為八十萬七千。馬賽自古為面對非洲的入口，因此移民特別多，而移民們累積下來的奮鬥情感，使得他們特別團結，更讓馬賽的人情味特別濃厚！這濃厚的人情味我們跟貓老大絕對可以見證！

郵差先生侯貝的郵件腳踏車

　　十點多的時候，穿著深藍色外套的郵差先生侯貝（Robert），會騎著像有著大菜籃的郵件腳踏車送信來。當了二十多年郵差的白髮侯貝，跟店裡的同事相處如家人般地親密融洽，他總會右手握著信堆，左手摸著貓老大說聲「Bonjour, Monsieur Capitaine!（日安，船長先生!）」

　　在眾多顧客中，貓老大喜歡家有養貓的阿倫（Alain），因為他懂得怎麼樣輕輕柔柔地撫摸貓。習慣了大大擁抱與熱情撫摸狗兒的我，後來也從貓老大身上慢慢體會另一種撫摸貓咪的樂趣。在《貓語錄》一書裡，有段動人的文字，對於從撫摸貓咪獲得的小小幸福，描述地貼切不過：

　　「當你坐在一隻你非常熟悉的貓咪身邊，把手按在他身上，試著調整自己，去適應他那與你截然不同的生命頻率時，有時候他會抬起頭來，用一種與其他所有聲音全都不一樣的輕柔噪音向你致

意，表示他知道你正努力在進入他的生命，他用那對總是隨著光線不停變化的雙眸揪著你，而你用手輕輕按著他，迎上他的視線。」

　　至於我則最喜歡打扮獨特有韻味的莉莉安（Lillian），身高大概只有一五○公分，總喜歡穿著皮草、短裙與高跟鞋，濃妝豔抹的她總是一身毛茸茸，再加上刺鼻的香水味，活生生地像隻可愛誘人的小動物。我特別喜歡她的到來，一來因為她親切的友善與誇張的打扮（我真覺得她把某方面女性化特質發揮地淋漓盡致），二來因為她常常帶來家中那隻活潑好動的米格魯狗。我總喜歡追著可愛的牠跑，而牠總追著貓老大跑。貓老大最討厭那隻矮不拉幾的胖狗（我想在他眼中是這樣沒錯！）有好幾次他按耐不住想跟這隻胖狗來場打鬥，但是礙於顧客與店家的關係，只好委屈自己跳上皮包櫃上，留他在低處狂吠。

　　接近正午時分，我們才準備用餐時，好戲上場啦！嗓門其大無比，聲音足以貫穿整條小聖約翰街（Rue du Petit St.Jean）的姬內（Kiné），她來了。一身從頭巾到裙襬都是花花綠綠的姬內，也是個來自塞內加爾的北非移民，常常她人還沒進店裡，就可以聽見她用像遇到搶匪般的嘶吼聲，破口大罵：

51

" Dégage-toi! Le Chat!"

（滾蛋！你這隻貓！）

" Ha⋯⋯ Annie, pouquoi t'as adopté un chat comme ça!!"

（我說安妮啊！你怎麼會撿隻像這樣的貓呢？）

" Il n'est pas beau, de plus, il a perdu un oeil."

（他一點都不好看！還有啊，他沒了一隻眼睛⋯⋯）

" Oh-là-là⋯⋯!! Il me regarde et ça me fait peur⋯⋯!"

（嘔啦啦⋯⋯！！他這樣看我讓我好怕喲⋯⋯！）

　　愛貓的安妮對她的誇張反應覺得既好氣又好笑，美艷動人的同事葛拉莉絲（Clarice）則會跟她鬥起嘴。「嘔啦啦⋯⋯！怎麼會可怕呢？來來來，你靠近一點看看他，如此可愛又乖巧，我們家貓老大可是隻非常出眾的獨眼貓呢！」葛拉莉絲強拉著一直卻步不前的姬內，還真難得碰到怕貓的客人。姬內也是一位讓我印象十分深刻，應該說深刻到不行的客人。我最喜歡她身上鮮艷絢麗的北非傳統服飾，從頭巾到洋裝的搭配，全身充滿濃濃的大自然風味，彷彿把大地穿在身上。她粗獷甚至粗魯，不拘小節，熱情耿直，脾氣像午後雷雨一般來得快也去得快，著著實實表現出一位毫不受羈絆、勇敢表達自我的女性。

在店裡貓老大被公認為聰明乖巧的貓店員，除了尚皮耶對他頗有微言外，因為他痛恨廁所裡竄出的濃濃貓尿味，潔癖的他每天會用漂白水加熱水對著地板擦啊擦；還有，貓老大會跟他搶辦公室裡那張舒適的黑色大皮椅，每次等他走進辦公室，準備喝杯熱呼呼的台灣包種茶時（他說包種茶特別有塞納加爾茶的風味），他會發現貓老大已經佔據了他休息的大皮椅，也是辦公室裡最舒適的位置。好男不與貓鬥，而且他的大老闆安妮已經在一旁開心地稱讚起貓老大的冰雪聰明：「你看看這隻貓，連最舒服的位置都捷足先登了！」

而心思細膩的安妮更發覺一件事：我與貓老大似乎非常地契合。我們的互動良好，連貓老大想fait bibi（小解）這件事我都觀察得到，畢竟貓沙盆藏在店中央的廁所裡，貓老大想bibi時，反而會跑到店門口去。後來我發現貓老大真是聰慧，只要我打開門他不出去反而抬頭看我時，就是老大想上廁所了，這在我們才第一次見面，他就這樣跟我溝通了起來。

當我們給他一大塊香噴噴的烤雞時，他並沒有馬上動口大吃，而是直盯著眼前那塊令他垂涎欲滴、散發出濃郁普羅旺斯香草味的烤雞，說也奇怪，我就有默契地知道老大要小的幫他把雞肉撕小塊點，好讓他能優雅享用。（後來我才發現，原來當時的他已經一口爛牙了！）

在遇見貓老大前，我的二十八年人生裡只有忠心耿耿的狗兒們，而這是我第一次有幸跟一隻貓朝九晚五相處的第二天，所以我想真的不是我懂貓，是貓老大懂得表達，他細膩優雅的內在，與粗獷殘缺的外表，形成強烈的對比。

然而，我怎麼會有機會進入美妙的貓世界呢？這一切都從安妮的保母管家芭蒂席雅（Patricia）火速送來的那一只貓籠開始。

馬賽，一個讓人從懼怕到熱愛的魔幻之都

　　身為馬賽貓與馬賽貓的家人，馬賽當然是貓老大與我們最摯愛的城市。雖然說這輩子從沒想過就這麼離開它，雖然現在與它距離好幾千英里，但是馬賽街道的氣味與顏色，馬賽城裡的一切常常出現在我們的夢裡，一天都不曾停止過。

　　然而，第一次到達龍蛇雜處的馬賽街頭時，當然不是對它一見鍾情，而是懼怕。如同我第一次見到貓老大一樣，在還沒愛上貓老

小凱旋門前的二手市集

大之前，我以為他是隻狂傲不羈的流浪貓；在還沒愛上馬賽之前，我以為他真如盧貝松電影裡所呈現的流氓之都！

　　第一次前往馬賽是為了參加僑委會在馬賽寶島餐廳（Le Taiwan）舉行的海外歡度國慶。藍色的CG13公車行駛到小凱旋門前，流氓司機率性地表演瞬間緊急煞車，跌成一團的我們忍住疼痛踏出車門後，啞然無聲地發現自己身處奇異髒亂的跳蚤市集裡。

　　以往我們在法國所見的跳蚤市集總是充滿歐式古董風味，然而……眼前的神奇市集，所有被認為應該要丟往垃圾堆裡的東西，竟全躺在破舊的麻布上，像是少了一隻腳的高跟鞋、分針秒針已經無法走動的時鐘、掉了前輪的腳踏車或是任何一個被肢解的機械零件、破舊斑駁的皮大衣、瘸了一隻腿的金髮洋娃娃、來路不明的唱片封套……個個怪異物品看得我們瞠目結舌，但仍不得不豎起大拇指，讚嘆一聲：「馬賽，你真的太特別了！」

　　穿過被黑鴉鴉人群包圍的市集，沿著貝爾尋思大道（Cours Belsunce）筆直到達市立圖書館對面的中央商場（Centre Bourse），此區林立著各式各樣的商店，尤其以販賣外銷衣物、鞋子與包包為最多。巨大的中央商場裡聚集著從著名的老福爺

百貨公司（Lafayatte）、法雅客綜合書店（FNAC）到各家百貨商店，不管什麼時候，這裡總是人潮擁擠，彷彿所有馬賽居民川流不息地在這裡接替進出。

如果你第一次行走在這熱鬧的商區，應該會對一群又一群與你摩肩接踵的異國臉孔還有一路上混亂的施工景象感到驚慌失錯。「亂！亂！亂！」應該是初次到達馬賽的印象！

馬賽怎麼會有如此眾多的移民呢？其中許多面露凶光與來路不明，猜想他們可能是非洲人、阿拉伯人、猶太人、吉普賽人、中國人、越南人還是……外星人！？眾多的臉孔中，最醒目不過的可以算是身著運動套裝的街頭小子，他們個個脖子戴著金項鍊，腳上穿著白運動鞋，大多數都為平頭造型，一個看起來比一個狠！某些看來居心叵測地徘徊在聖夏爾車站（Gare St. Charles）月台，通常等著列車到站或是開動時偷偷溜進列車上的行李置放區行竊。不過近年來因為恐怖攻擊的關係，法國國鐵在各個車站，尤其像聖夏爾這種大站，戒備了十分森嚴的警力。我想卡布點會以他馬賽貓老大的身分誠心地建議到這裡的遊客們：小心整座城的人！行走在街上時，務必特別小心看管隨身重要財物。

雖然馬賽街頭處處是面惡心善的居民，但若到馬賽旅遊，建議還是不要把任何貴重物品攜帶在身上，這樣便能像貓老大一樣虎虎生風且自由自在地「橫行街頭」，大膽痛快地迎接這座精采城市帶來的衝擊與新奇並且擁有一定難忘懷的旅行回憶！

等熟悉馬賽後，我發覺這種盡情表現喜怒哀樂的街頭表情（目露凶光就是其中一種），是種行走在馬賽的自在，因為你無須喬裝，你可以卸下異鄉人的身分，大搖大擺地走在這個沒有疆界，屬於異鄉人的城市。正因為如此，我愛上走在馬賽城裡的歸屬感，這屬於一個個浪跡天涯或是離鄉背井旅人們的自在歸屬，貓老大最能體會這種暢快自由！

我們最常漫步的地方是美麗的舊港（Vieux Port），它在二千多年前便由希臘弗亞人（Phocéen）建立，ㄇ字型的港灣，共劃分為三個岸堤：港口堤（Quai du Port）、比利時堤（Quai des Bel-

ges）、與新河堤 （Quai de Rive Neuve）。從阿拉伯式、北非
式、猶太式、希臘式、義大利式、吉普賽式、到亞洲式等等精采異
國文化，走一趟馬賽舊港（Vieux Port），你便可以體會交融在此
的地中海民族的多元性。

　　沿著比利時堤（Quai des Belges）這一帶最熱鬧，咖啡館、
酒吧、美式速食店與面海的高級飯店林立，隨便挑一家小館，點杯
南法人最愛的茴香酒（Pastis），在面海的位置上，望著跳躍的海
面與來往的船隻，頂著暖暖的大太陽好好享受與沉浸在這藍色地中

馬賽傳統紀念品——
漁夫小泥人（santon）

舊港前遠眺《基督山恩仇記》裡的一夫島

海的悸動……

　　我常想像貓老大當年想吃海鮮的時候，不知是否曾經散步到這裡來，對著岸邊販賣新鮮漁貨的露天攤販要食。來自地中海的肥美魚獲一個個鋪陳在海藍色木架上，彩色的深海魚兒襯著綠色荷葉與冒著煙的冰塊，港口魚販攤們所呈現的畫面，簡直如一幅美麗動人的油畫。一定會有穿著海藍色圍裙的好心魚販丟些魚肉給在一旁望眼欲穿的貓老大，難怪回到台灣後他總拒吃淡水魚，唯獨喜愛深海魚類。

　　擁有華麗巴洛克建築風格的聖夏爾車站是我們告別也是重逢馬賽的地點，車站裡總是充滿將前往法國各地的旅人們，或許是開心前往蔚藍海岸度假的人們，或是因為結束度假即將返回工作崗位的憂愁巴黎人。

　　北上巴黎那天，我們這三個徬徨的流浪旅人站在車站大廳，既開心亦憂愁，各自在心裡勾勒著巴黎生活的輪廓。

　　從馬賽到巴黎八百公里的距離，搭乘子彈列車只需短短三個小時，所以我安慰貓老大，我們隨時可以返鄉探望普羅旺斯的燦爛陽

光，還有住在馬賽的安妮媽媽與貝蒂太
太。

　　離開馬賽當天的早晨，陽光耀眼
到令人難以睜開雙眼，而我們的雙眼與
貓老大的獨眼，竟也不自覺地泛起淚
光。普羅旺斯的朝陽在藍天中揮灑著「
Au Revoir（再見）」，貓老大再次帶著
他流浪的勇氣，伴隨著我們，離開故鄉
馬賽，北上巴黎。

建於丘陵上的守護聖母大教堂

L'Olympique de Marseille

　　法國的足球英雄席丹(Zina-
dine Zidane)誕生在馬賽郊區，並且在
這裡度過童年，如果你跟貓老大一樣是
足球迷，（沒錯，他是一隻真真切切
喜愛足球也看得懂足球的馬賽貓，二
○○六年法國差點奪冠的世界盃賽，他
陪著我們熬夜觀賞了好幾場精采的球
賽），千萬別錯過就位於舊港的奧林匹
克馬賽隊足球館(L'Olympique de Mar-
seille，簡稱L'OM)，店裡展示著從藍
白色球衣、足球鞋、簽了名的足球、毛
巾、海報到鑰匙圈等關於L'OM的各種紀
念品。你也可以在店內享用餐飲，跟同
好們一起觀賞比賽轉播。

Maman Annie
et Madame Betty

Chapitre 4

為貓奉獻的貝蒂太太

安妮媽媽

安妮媽媽與貝蒂太太

「喜歡動物的人是相當獨特的一群，他們天性慷慨，極有同情心，可能有點過於多愁善感，心胸寬大，就如萬里無雲的晴空。」

—《馬利與我》，約翰‧葛羅根（John Grogan）著。

PITOUX / RIPOUX / TITOUX
la Noire / la Blanc / la Rousse.

　　留著一頭俐落白髮的貝蒂太太（Madame BETTY）是當年在街頭餵養貓老大的恩人，愛貓的她家裡已經住了三隻貓咪，名字分別是：Pitoux、Ripoux、Titoux（皮嘟、嘻卜、涕嘟）。她愛貓的程度已經到了有點神經質的地步，怎麼說呢？當年她得知貓老大被一個來自亞洲窮學生收養後，就時常帶著貓食前來店裡關心探視，深怕貓老大被不當對待。她更貼心地考慮到我這老外應該無法熟記她出口成串的馬賽腔法文，因此常在店門口留下叮嚀小紙條，紙條上寫滿貓老大愛吃的貓食口味與她的聯絡資訊，而結尾不外乎是「如果妳有任何的問題，請隨時跟我連絡。」或是「這裡有我的電話，歡迎你隨時打電話來！」

　　法國的家貓多半採取放養的方式，也就是說回不回家，決定權在貓咪身上，根據在街頭餵養他的貝蒂太太指出，在馬賽街頭

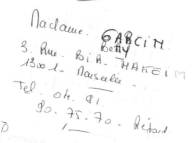

這是第一張貝蒂太太留給我的字條

「Bonjour Caroline」我想看「卡布點」一就是
那隻剛剛收養的獨眼虎斑貓照片，方便的話，我
會順道過去你們店裡。這是我的電話號碼，如果
我不在家的話，請在語音信箱留話。或是郵寄到
我家，地址是⋯⋯先謝謝妳了，請跟我的「菲力
克斯Felix」說聲Bonjour。

流浪了八年多的貓老大，好幾年前似乎有個主人。我常想，這隻
從不受拘束的貓，家怎麼關得住他，天地才是他的家，在他小老
虎般的身體裡，流淌著冒險的血液，再者，還有什麼比在一年平
均三百天日照的普羅旺斯裡，當隻流浪貓更幸福的呢？否則貓老
大的流浪生涯不會一直持續到不幸痛失左眼那天。

我們從沒有看過他兩隻眼睛的模樣，在我們的心裡，他就是
這樣地獨特，永遠是最獨一無二的貓老大。而在貝蒂太太心裡，
貓老大永遠是她獨一無二的菲力克斯（Felix），這是貓老大流浪
時期的名字，我想它也是一個永遠屬於貝蒂太太與貓老大的親暱
暗號吧。

貝蒂太太不止一次跟我要貓老大的照片，當我又收到同樣的
關心紙條時，心裡不禁想著：「急著要看照片，難不成是擔心我
會把貓煮來吃嗎？」不過在信末「Mon Felix（我的菲力克斯）」
從這幾個簡短卻充滿思念的字句中，我能將心比心，了解她愛貓
心切的擔憂。貓老大是她從鬼門關前撿回來的寶貴生命，如果沒
有貝蒂太太，當年的街頭菲力克斯也無法重生為今日的卡布點。
因為有貝蒂太太的呵護與關愛，貓老大才能長年在馬賽街頭過著
老大般快樂無憂的生活。

貝蒂太太居住在馬賽一區的比爾阿肯恩街上（Rue Bir
Hakeim），這附近的流浪貓都由她定時餵養。在社會福利良好
的法國，幾乎都有像貝蒂太太這種好心腸的老婦人，熱心在街頭
餵養流浪動物。退休後的生活悠閒，照顧這些流浪的小生命，對

他們來說只是一點小小的付出，但卻替他們平淡的生活帶來幸福感。如同貝蒂太太所言：「能夠有顆替他人付出的無私真心，就是對於自己最大的回饋了……」

　　跟貝蒂太太見過幾次面，每次她都會重述貓老大在街頭掉了眼睛的悲慘畫面。「這小可憐，當初若不是我馬上將他送醫，他恐怕性命不保。」那天傍晚，貝蒂太太跟往常一樣前往街上餵食，但那天她感覺特別怪異，怎麼每次都卡位第一的貓老大，今天缺了席？等她餵食完正打算離開時，卻聽見貓咪的哀號聲。

　　「我找了一會，怎麼找都看不見貓的身影，但是令人心碎的哀號聲卻不曾間斷過……」後來，她終於在圖書館與停車場的狹小縫隙中，赫然發現因驚嚇而蜷曲成一團的貓老大，一顆血淋淋的眼球就掛在他左臉頰上……「我的老天！我嚇壞了！馬上抱起他飛奔到附近的獸醫院。喔，我還請獸醫順便把他閹了，免得又因為搶母貓而打架！」原來貓老大跟另一隻塊頭與他差不多大的黃貓鬥毆時受傷，貝蒂太太說貓老大每次都贏，唯獨輸了這致命的一次，賠上了左眼。

幾乎每隔一兩個禮拜，我就收到貝蒂太太的紙條，每次看她的手寫紙條都讓我痛苦萬分，因為每個法文字母看起來都像在跳舞旋轉，雖然字跡如同說起法文來的飛揚起伏，美得很藝術，很靈活，但要深入了解這藝術，非得需要一番苦讀與深刻體驗。我想學習法文就是這麼一回事吧！

BETTY

Marseille le 3 Avril 05

> Bonjour Caroline,
> Bien reçu votre courrier. Enfin des PHOTOS
> de Capitaine. Cela m'a fait très plaisir.
> Merci. Quelle chance que vous l'ayez adopté.
> Il doit être heureux près de Vous. J'en
> suis sûre. Cela vous portera chance
> dans la Vie.
> Surtout - Faite bien attention à LUI.
> Protégez le comme un Enfant. Le
> pauvre avec son Oeil. Il paraît que
> les CHATS qui ont qu'un Oeil. Sont
> plus attentif. et intelligent que d'autre
> - Je le porte dans mon Coeur.
> J'aimerai où que Vous soyez à PARIS.
> ou bien à TAIWAN. avoir 1 fois par
> An - de Vos nouvelle Chère Caroline et
> Bientôt - de Capitaine -
> Si je comprends. Vous êtes Venu sur
> Aix en Provence - et PARIS - pour faire
> de Etude. Je m'en doutais -
> Surtout - Si Vous devez partir - dans
> Votre Beau "PAYS - TAIWAN - Faite
> attention - a votre CHAT. Capitaine.
> qu'il ne lui arrive - Rien. Le malheureux.
> Ne le quittez pas des Yeux - Je sais
> qu'il est Brave. et Très gentil -

Bonjour Caroline，

收到妳寄來的卡布點照片了，好開心看到它們，謝謝妳。妳能收養卡布點是件多麼幸運的事，他應該也覺得十分幸福，我也深信他會替你們的生活帶來好運。

最重要的是，請特別照顧他，把他當成自己的小孩一樣呵護。可憐的他，雖然少了一隻眼睛，但卻有人認為獨眼貓比其他貓咪更敏銳、更聰明，請把這句話牢記心中。

不管未來你在巴黎或是台灣，我都希望能至少收到一次由親愛的卡洛琳，當然還有卡布點捎來的近況。

最後當你將返回台灣時，請特別當心你的卡布點。喔！老天……回想起他所經歷的這一切……雖然不幸殃及了他的眼睛，但我知道，他是最勇敢與最棒的貓老大。

離開前請遵照獸醫師提出的所有建議，還有請詳細詢問他們關於帶貓旅行必需留意的問題。 謝謝妳的善心！

P.S.：在妳離開馬賽之前，我會找機會到小聖約翰街上的店裡去。

小聖約翰街是我們初次見面的街頭　　　　貓老大待在店裡總是一派輕鬆享樂模樣

　　獨眼對他的打擊應該不小，我常會遮起自己的左眼，試著模擬獨眼的視覺畫面，失調的距離與平衡感，的確難以克服，而獨眼帶來心理與生理方面的衝擊，更需要他去協調適應。或許因為如此，在失去左眼不到一個月後，他毫不考慮地選擇安妮的皮包店為庇護之所。因為獨眼的緣分，狂傲不羈的流浪貓老大，告別了將近十年的街頭生涯，開始走進人群，走進我們每一個人的心裡。

　　貓老大與我們的緣分從安妮媽媽所經營的「金氏皮革商店」（Maroquinerie　JIN）開始。這個Maroquinerie念起來很饒舌，而且怪的是學法文這麼久我從沒記起過這個單字，直到在這裡工作後，這單字從此成為一輩子老友，就像發生在店裡一切歷歷在目的歡樂，一輩子都叫人難以忘懷。

　　安妮說在我到達馬賽幾個禮拜前，貓老大常在下午時刻徘徊在店門口，每次她都會替貓老大準備好食物與水。因為他是隻獨眼貓的關係，安妮會開門讓他進來店裡安心地吃頓飯，幾次下來，貓老大就大剌剌地在店裡打盹休息，直到皮飾店打烊。對於店裡絡繹不絕的人潮，他絲毫不懼怕，也因為這樣，安妮將他取名為卡布點（Capitaine），即英文的Capitain，一開始因為他凶

狠的外表，我把Capitaine翻譯為「頭目」，安妮則將它譯為「船長」（獨眼海盜船長），這名字十分適合大塊頭、長相兇狠又頗有領袖風範的他。

每次皮飾店關門那一刻，安妮總會問貓老大想不想留下，但他總是頭也不回地離去，直到隔天的下午，又再度現身店門口。在天氣逐漸轉涼的十月初，他突然決定留下，開始在店門口狹小的空間裡渡過夜晚。大多數法國人，包括安妮，對待貓咪的態度，如同他們倡導的：自由、平等與博愛，他們尊重生命並且盡量不干涉他們的自由。

安妮認為，既然貓老大選擇留下，那就住下來吧，反正店裡還有空間，至少在寒冬將至的夜裡他不用在街頭受凍。雖然這個暫時棲身之所並不怎麼寬大，但安妮給予他的溫暖卻強大無比，環抱著他度過一夜黑暗，我想他總是滿心期待，明早大門敞開，安妮帶著陽光透入的那一刻。

法國規定每週工作三十五小時，所以星期一到星期五，貓老大得在這一平方米的黑暗空間裡，從下午五點半一直待到隔天的早上九點。星期六與星期天皮飾店不營業，所以他更得孤零零地守著黑夜與寒冷，等待著好心的安妮，在週末特地抽空到店裡來開門餵食，還有清理不大會使用貓沙的他所製造的一團髒亂。

我跟貓老大第一次見面，就在這樣一個星期六上午，安妮正在店裡替他清理貓沙，當我壓低身體鑽進半開的鐵門，低頭瞥見一隻全身似乎上了一層髮蠟，骯髒，但有著肥肥胖胖可愛身形的虎斑貓，他一身小老虎般的紅棕色毛髮，非常吸引人，還有，我從沒看過比博美狗還大隻的貓！當我繼續把目光從巨大的貓身軀移向他圓滾滾的大臉時⋯⋯

「啊，他的眼睛！」這是我與這位伙伴見面的第一句話。

一陣來不及反應的難過突然從心底竄進我的眼眶裡，淚水滿溢，（或許是因為異鄉遊子的關係，在法國我常控制不住這種莫名的淚腺反應，有時候的確挺擾人的！）這隻外表看來歷盡滄桑的獨眼貓，讓人看了非常不捨，他左半邊的臉，從撕裂的耳朵到

殘缺眼窩，處處傷痕累累。

　　而在緣分的巧妙安排下，我竟然擁有了這隻獨眼貓，更驚訝的是他完全不是想像中的楚楚可憐與對人性懼怕的獨眼貓，他是一隻自我意識極高，高到根本無法控制的獨眼貓。他自信但不高傲，勇敢但不失冷靜，優雅又感性。

　　促成我跟卡布點這份美妙緣分的人，就是善感美麗的安妮。安妮才大我十幾歲，但是我跟貓老大都認定他是我們的法國媽媽。常常她會在白色的便當盒裡準備烤雞或是鮮魚，要我下班帶回家一起跟貓老大享用。每次提著這個白色便當盒往返在艾克斯與馬賽的通勤途中，總讓我心頭暖暖，裝在便當盒裡的是安妮的

總是採人像坐姿的克麗夢

十八歲的Mumi在二○○六年的四月病逝，她
是上天送給安妮的小天使，陪伴著剛到法國的
她開始一段美妙的生活。

愛心與關心，這些，對於一個海外遊子或是一隻離鄉背景的貓，
就像沙漠中湧出的泉水，令人感到幸福無比。

　　愛貓的安妮在法國的第一隻貓咪，叫做Mumi，Mumi是隻乖
巧懂事又兼具管家風範的母貓。安妮常說Mumi管得很寬，因為她
總站在餐廳與客廳交界玄關，從這個醒目的位置，她對一家大小
的動靜皆一目暸然。除了管人以外，家裡還有一隻漂亮的陰陽眼
波斯貓克麗夢（Climand）讓她統領。貓老大拜訪安妮家時，當他
一踏進充滿馬賽陽光的大客廳，以為自己來到另一個更舒適的新
家了，他老大毫不猶豫地跳上安妮長子Kevin那張寬敞舒適的大床
上！完全把安妮家視為自己的地盤，接著更跳下床肆無忌憚地吃
起Mumi的貓餅乾，氣得Mumi拱起身體威嚇地宣示主權，沒想到
貓老大先出招，從頭上打了她一拳。Mumi不愧是有風度與涵養的
貓小姐，懂得待客之道，不跟這隻粗俗的野貓老大一般見識。至
於一旁的克麗夢還是一副事不關己的模樣，繼續曬太陽打盹。

　　「我看妳挺喜歡卡布點，不如你把他帶回家，不然週末兩
天，這可憐的小傢伙又得被關在這小角落裡……」又是個週末將
至的星期五傍晚，安妮向我提議。「唔……」在幾秒鐘的沉默猶

豫中，我的心情既興奮又不安，因為我從來沒有養過貓！

「養貓很省事的，貓咪獨立自主，只要妳準備充裕的食物與貓沙，養貓根本是件非常輕鬆的事。」一個「好！」字從我嘴裡不假思索地脫口而出，我腦中唯一的念頭是：帶他回家吧！這樣從今晚到明後兩天週末，貓老大不必獨自守著黑暗。同時安妮也能在週末好好休息與陪陪家人。

安妮聽到這好後，火速地打電話給家中的保母管家芭蒂席雅（Patricia），請她火速送來貓籠。不一會兒打扮時髦得猶如貴婦般的芭蒂席雅左手牽著她的米格魯犬，右手拎著一只大貓籠，優雅地走進店裡。這是我第一次看見貓籠這玩意，我想貓老大也是。就在我們半推半就下，懂事的他緩緩地自行走進貓籠。日後，只要這玩意在他眼前出現，他都毫不猶豫地衝進籠裡，因為要去旅行了！（他最痛恨落單了！）

我跟安妮這兩位瘦小女子，一路上輪流搬運著這連籠重達七公斤的大貓，在幾乎是上坡的雅典大道上(Bd. d'Athènes)搬運它可不是件輕鬆的事，途中，我們在聖夏爾車站下方的草地上休息，安妮把貓老大的臉移向綠地，要他聞聞綠草的香氣。我在一旁想著：「如果這隻馬賽貓知道他即將前往艾克斯，不知道會不會連罵好幾聲Merde!」如果是我，會的。馬賽與艾克斯某方面仍存在著些許的心結，例如艾克斯人說馬賽又髒又亂，而馬賽人說艾克斯又小又貴，根本連一個停車位都找不到！

經過十幾分鐘的搬運終於抵達了公路車站，我們順利搭上即將前往艾克斯的巴士。當我把貓籠擺定位後，發現自己已經滿頭大汗。車子動身時，我向窗外仍未離去的安妮揮揮手，她一直站在靠近我們的車窗下，用著擔憂卻又期待的眼神，跟我們頻頻揮手再見。擔憂卻又期待，的確是我當時突然在法國擁有一隻貓的複雜心情。我想比我更忐忑不安的是在籠裡的貓老大，這應該是他生平第一次離開馬賽，第一次搭上馳騁在普羅旺斯高速公路上的大巴士。

長相挺流氓的司機倒抽了最後一口菸，把手裡的煙頭彈出窗外，發動巴士，轟隆隆的引擎轉動聲，讓貓老大不安地喵喵叫了幾聲，這時引來了鄰座乘客的好奇與觀望。

　　「是什麼？是隻可愛的小貓嗎？」前座的一位年輕法國女學生回頭問我。「對啊！不過是隻大貓。」我張開著雙手，比了比貓老大的大小。籠內的他突然停止叫聲，開始聆聽我們的對話。女學生將她細長的手指伸進籠裡，試著想摸摸他。我從貓籠上的格子窗口，瞥見他清亮的獨眼，正用一種十分乖巧與信賴的眼神看著我。

「是隻獨眼貓！他好迷人喲！」女學生白皙的臉龐上，帶著像普羅旺斯陽光一樣的燦爛笑容說著。

「他很迷人嗎？」我這樣反問起自己，接著，對這個陽光笑容迷惑了起來。算了算跟貓老大到目前為止的見面次數，也不過短短三次，除了驚嚇與憐憫外，我從未認真思考或是感受他的迷人之處。那個因為缺少眼珠而縫合的左眼窩，還有，猶如殘布的左

耳，到目前為止，都還讓我籠罩著些許的悲傷。

在巴士前進的路途中，我的心底卻莫名地湧出一股堅定的聲音，對他說：「卡布點不要怕，跟著我，我會當你的左眼，幫你看一半的世界，替你流一半的眼淚。從今天起，我會努力當你最好的左眼。」才說完，他竟然把雙手伸出籠外，放在我的腿上。

隔著牛仔褲，感覺一對毛茸茸、有溫度的貓手輕輕搭在自己的左腿上，以非常迷人形狀規則排列的貓腳掌，透著粉嫩的皮膚顏色，可愛極了！但我還是被貓老大這個舉動嚇壞了……（難不成我真的撿到一隻會聽人話的貓？！）驚嚇感動之餘，我更為他的貼心感到無比地神奇美妙！

相信我，他真的是一隻會與人溝通的貓，（我想每一隻貓咪，甚至每一個有情感的生物，都能跟人溝通。）雖然不會說人話，但是他用肢體來表達感受與愛。在他病末即將離開我們的當天，也是如此，他虛弱地把雙手輕輕搭著我的手臂，要我別哭，別為他的離去而難過。

我知道他的這雙手，會永永遠遠地搭在我的手上、心上、我記憶的每一處。

Capitaine à la maison
Chapitre 5

藍白屋裡的家貓

「人們往往誤以為自己就是貓咪的主子，但事實上，卻是貓咪成了人類的主子。而且，他們在挑選人類的時候，相當謹慎。」

—《別對貓說教》
維那・芙德（Werner Fuldi）著

貓老大踏進他流浪多年以後的第一個家，會是什麼樣的心情？不知是否像我們這兩位老外，因為第一次在風光明媚的普羅旺斯裡，擁有一間地中海風味的小套房而開心不已呢？

　　藍色的木窗、白色的窗台、藍色的吧台、白色的高腳椅、藍色的書櫃、白色的沙發、藍色的餐桌、白色的壁爐，還有，白色的馬桶旁也有藍色的小垃圾桶……在這差不多三十平方米大的小套房裡，全是藍白分明的地中海色調，雖然覺得除了藍只有白的佈置有點瘋狂，但第一眼看到這藍白小屋時，我們便不由自主地愛上它的亮麗與舒適，尤其是那個適合下廚玩耍的吧檯廚房。

　　房東馬克辛（Maxime）在巴黎長大，他說巴黎人總是嚮往陽光，無時無刻渴望逃離都市去尋找陽光，所以當年他來到陽光燦爛的艾克斯求學時，就把這個當年居住的學生套房精心改造一番，結果成了今日充滿地中海風味的小窩。

　　現在房東還住在艾克斯，在一所中學內擔任教師。年輕帥氣的他細心有禮，廚櫃裡齊全的餐具令人嘖嘖稱奇！從紅色的愛心蛋糕模具、手動打蛋器到乳酪刀組，各種用具應有盡有。第二天中午，我就忍不住做了個最愛的巧克力糕點，小小的廚房五臟俱全，我們常常邀起三五好友，辦場溫馨聚會。

　　而貓老大呢？當他緩緩地踏上舖著肉桂色瓷磚的地板，熱熱的小腳觸碰在冰冷的地板上，印出一個個可愛的腳印，像小偷般左右張望好一會後，老大最先光顧的地方，也是廚房。他先跳上廚房的窗戶，接著砰一聲粗魯地往下跳到鋪滿馬賽克磁磚的料理台上，好奇地聞了聞眼前整齊排列的香料罐後，順著吧檯旁的高腳椅一蹬，像施展輕功般躍上壁爐，從高處俯瞰著我們，不動之身宛如一尊栩栩如生的貓雕像。最後，他從壁爐往下方的小木梯躍下，一溜煙地竄進房間裡，撲倒在軟綿綿的蠶絲被上，準備呼

呼大睡囉。這時候，維克多飛快地衝上床去，把這隻渾身是跳蚤的小胖貓趕下床，我看了不捨，但一聽到他說：「妳知道這隻貓老大，有將近十年的時間沒洗過澡嗎？」我馬上放棄讓他上床睡覺的念頭。

　　貓老大被趕下床後，一副無所謂的樣子，他直接往下一個目標沙發前進。或許是身體太久沒接觸到這軟綿綿的舒適玩意，一倒頭，他馬上像冬眠的熊一樣，舒適安心地沉沉睡去。他不只睡得香甜，更不時打鼾抖動著身體。在還沒聽過傳說中的貓老大呼嚕聲時（老大是隻很少很少打呼嚕的貓！），我竟然先聽到貓打鼾，而且越晚越大聲！我們兩人一貓共度的第一夜，就在貓老大與維克多相互呼應的打鼾聲中渡過。雖然有點吵，但被他們此起彼落的打鼾聲包圍著，還挺幸福的。

　　經過幾個星期的相處與觀察後，我們可以斷定：貓老大果真如其名，是一隻易怒、脾氣暴躁的惡霸貓頭目。他不僅親近不得，更是一點都不像落葉街上溫柔可愛的焦糖貓可任我們隨意撫摸。雖然他知道自己有個新家，但是家是附屬於他的，家裡的人是「他的人」，一切都由他來主宰。脾氣古怪的他，動不動就會臭臉，尤其喜歡跑到壁爐高處，板起臉抬起他高傲的貓下巴，由上而下輕蔑著我們。

　　往後的日子裡，他仍保持著沉著冷靜的貓老大姿態。除了吃

飯就是睡覺，一天之中沒什麼活動力可言。白天，我到距離艾克斯二十五公里遠的馬賽上班，維克多則到二十五公里遠的軍事小城薩隆上課。我們兩人總是早出晚歸，唯一跟他的相處時間只有週末。

我極喜愛下廚招呼朋友，尤其在家裡有隻貓後，我們更是常常呼朋引伴到家裡來小聚，順便讓大家跟這隻傳說中的馬賽獨眼貓見見面，而當過店員的貓老大雖然不喜歡派對中的吵鬧，卻很能適應人多的場合。

星期一到五工作上課，週末則宴客，這種不大有時間培養感情的相處方式，讓我們之間的感情進展極慢，他也好像也安排了許多關卡來測驗我們是不是能成為跟他共度一輩子的伴侶。一晃眼，秋天即將遠離，天氣越來越冷，我們之間的關係也一樣冰

79

冷，他仍然高不可攀，除了頭以外，到處都不可久摸，尤其是他的肚子，撫摸超過三下，利爪一定馬上出招！我們之間絲毫沒有進一步的親密進展，極力要討好他的我當然失望，維克多倒是無所謂，他早做好隨時把貓丟回馬賽的打算。

貓老大老是對著客廳裡的大窗戶沉沉發呆，因為對戶的艾克斯富貴人家有隻黑臉花貓。他們常常四目交接，我想是在期待迸出愛的火花吧！好讓黑臉花貓可以說服他的一對主人，把貓老大一起收養在三樓的花園大陽台，從此他便能每天躺在花叢中曬曬太陽。

貓老大極度渴望陽光的曝曬，因為我們的唯一的大窗座落於天井中的二樓，這理所當然的普羅旺斯陽光，全被對戶四樓高的鄰居給擋住了。對於這點我感到很抱歉，好像把一個天生屬於貓老大的什麼給剝奪了。而我們似乎明白為何小套房會被來自巴黎的房東，過分佈置成充滿濃濃藍白地中海氛圍！除了陽光，貓老大應該很想成為一隻富人家的貓，畢竟我們兩個是國外來的窮學生，小套房雖然舒適，可是怎麼也比不上對面獨棟人家的豪華氣派……

終於有一天，我們的感情因為一場意外的災難而急速加溫。十一月末的天氣已經又冷又凍，慘的是家裡的電暖氣根本無法發揮作用，每當我打開手提電腦，貓老大馬上會靠在溫熱的螢幕後方，有時還跑到鍵盤上，一屁股坐下，每次我都得輕輕地把老大推開，這一次也不例外，可能那天我神經大條沒有察覺老大今天火氣特大，他頓時惱羞成怒，伸出爪子，從我的右臉一把揮去，

鮮血瞬間從我的下嘴唇噴出！

維克多氣得一把抓起腳上的拖鞋，用力往貓老大的屁股揍下去。我已經被他們兩位的粗魯行徑嚇得淚眼濛濛，不知如何是好……

奇怪的是，經過維克多這麼狠狠一揍，竟擦出男人與貓的奇妙火花。從那天晚上開始，貓老大對維克多言聽計從，一點都不敢反抗，維克多説NON（不），貓老大就乖乖聽話，真是太神奇了！但是他對於我仍舊偶爾抱怨與不順從，維克多總説是我太過溺愛他，才會讓貓偶爾目中無人，但我仍堅信愛的教育，我這麼愛他，他會懂的。

法國人類學家莫斯説：「人類馴服了狗，而貓馴服了人類」。對於我，貓老大是隻高傲任性的貓咪，對於維克多，他卻

是隻忠心耿耿的狗兒。不管怎麼樣，我很開心終於感受到貓狗一家親的融洽。一次的小受傷，從此開啟我們之間永恆的愛鎖，想想，是件非常值得的事。

普羅旺斯的秋天已經到來，片片泛黃落葉為街道灑上詩意，涼爽的天氣令人心曠神怡，我們的親密關係也正在發酵。散步中，我們為貓老大摘下一束小花，送給他，代表著我們蜜月期的開始。

轉眼間米哈波大道上林立的聖誕燈海已經取代了遍地落葉，整個艾克斯城也從黃色的詩意中轉變為紅色聖誕。

馬賽皮包店裡也洋溢著濃濃的過節氣氛，大家見面除了平常的親親問候外，開口閉口便是：「Joyeux Nëol! Bonne Anné! Meilleurs Voeux! La Santé!」「聖誕快樂！恭喜新年好！身體健康！」

店裡濃厚的人情味，讓我彷彿回到兒時過新年般地喜氣洋洋！身邊的每一人與每一物似乎都被聖誕節的歡樂召喚著，而大家目前唯一想的談也不外乎是：「怎麼歡度聖誕！」

貓老大也與我們一同狂歡慶祝在南法度過的溫馨聖誕節，他收到了安妮送的聖誕禮物，裝在包裹著繽紛點點的紅色包裝袋裡，是他最愛吃的原味鮪魚罐頭（Thon Nature），還有，安妮竟然在罐頭底下藏了五十歐元大紅包！這隻幸福的胖貓，西式與中式禮物一次收齊了！

Capitaine de Marseille

Herbe · Marché · Provence!

Chapitre 6

香料‧市集‧普羅旺斯

「你給了法國所有最好的東西。地中海，大西洋，高山與
肥沃的河谷，南方和煦的陽光，北方浪漫的冬日，極端優
雅的語言，最精緻的奶油與橄欖油造就的豐盛美食，世界
上最多樣且最具生產力的葡萄園，產季最長的乳酪—事實
上，每一樣人類夢寐以求的東西，全集中在一個國家。」

―《法國盛宴》（French Lesson）
彼德梅爾（Peter Mayle）著

艾克斯市集裡的香料攤

　　在法國美食中獨樹一幟的普羅旺斯料理最大特色就是大量使用橄欖油、香料、時鮮蔬果、海鮮與大蒜這五大食材。普羅旺斯亦是盛產香料的王國，有了香料的添加風味與點綴色彩，讓一道道美食充滿著靈魂，不論是香氣、顏色與美感，皆令人折服。也難怪貓老大對香料如此喜愛，說他是貓界中的香料行家，最恰當不過。

　　他偏愛各種添加香草與香料的食物，從羅勒（basilic）、月桂葉（laurier）、香薄荷（menthe）、奧勒岡（origan）、混合多種香草的普羅旺斯草（herbes de provence）、歐芹（Persil）、迷迭香（romarin）、風輪菜（sariette）、百里香（thym）、八角（anis）、咖哩（curry）、茴香（fenouil）、包含胡椒、荳蔻、丁香、肉桂的四合香料（quatre épices），還有他最愛的小茴香（Cumin）。只要是添加了香料的食物，他一定不加思索地囫圇下肚。他最鍾愛灑滿普羅旺斯香草的烤春雞（poulet rôti au herbes provençales），然後是灑上巴西里的格勒諾布爾式奶油鮭魚

（saumon poêlé à la grenobloise），當然加了點茴香的克巴（Kebab）是他流浪時最喜愛的街頭食物。

　　Kebab是一種三明治，將熱呼呼的烤肉和豐富的生菜沙拉放入比你的臉還大的餅皮內，猶太人做的叫「沙威瑪」，北非、阿拉伯人和土耳其人做的叫「克巴」。據說第一個將這種三明治引進巴黎的是希臘人，所以巴黎人稱它為「希臘三明治」。基本上，它們都是一樣的東西，差別只在肉和沙拉的種類。阿拉伯人不吃豬肉，所以夾餡的烤肉以小牛肉和羔羊肉為主，還附上一客炸薯條；猶太人做的沙威瑪，蔬菜沙拉比較多，不附薯條；至於希臘三明治Pita，沙拉比較特別，有生鮮小洋蔥、西紅柿、起司，並淋上優質鮮奶油打成的醬汁，口感較爽口。在歐洲Kebab已成為街頭上不可或缺的點心與正餐，一份可以著著實實填飽肚子的Kebab只要四至五歐元，比起一份外食正餐十至十五歐元的價格，Kebab是旅行流浪時填飽肚子的最佳食物！

與貓老大一起在艾克斯友人家享受的戶外午餐

回到台灣後雖然沒有Kebab，但貓老大愛上了炸雞排，扒掉了酥脆的麵衣後，雞肉一樣鮮嫩好吃！至於麵包，老大不食機器製作鬆垮無彈性的「假麵包」。為了這隻挑剔的法國貓，我們偶爾會特別跑到道地的法式麵包店去買個外酥內勁的棒子麵包。雖然是隻流浪貓，但是誰叫他來自美食國度法蘭西，對於吃，他非常堅決自己喜愛的品味！有了炸雞排與法式棒子麵包，他的鄉愁的確減少了許多……

貓老大對香料的喜愛不分國界，有一次在法國我燉著媽媽寄來的愛心四物雞湯，大同電鍋裡飄散出來的四物香味，竟讓他喵喵大叫，一口氣把溢著四物味的雞腿吃個精光！回到台灣後，他愛上燒酒雞、醉雞、薑母鴨、羊肉爐、醬油滷肉……等等任何添加了濃郁香料的食物！

除了Kebab與香料烤雞外，貓老大最愛的莫過於只有貓咪可以享用的金牌美食家貓罐頭（Gourmet Gold）。這美味貓罐頭是貝蒂太太當年在街上餵養他的高級伙食，兩小罐的價格相當於學校餐廳裡一頓有前菜、主菜與甜點的學生套餐，高貴得一點都不像是流浪貓該吃的伙食。難怪在我們剛收養他時，安妮媽媽先給了我一個月的貓伙食費用，貝蒂太太更不時提著美味的金牌美食家貓罐頭到店裡來探望，這些愛心媽媽們似乎深怕貓老大被我們這兩位窮學生給餓著了！眼前這一道道法式貓美食，讓我不禁想問：「在法國，連當隻流浪貓都這麼幸福嗎？」

不同於法國其他城市，幸福的艾克斯人天天都有露天市集可逛，從大大小小的蔬果市集、舊書市集到市政府前方噴泉廣場上的花市，它們豐富了艾克斯城的色彩與聲音。在眾多豐富的市集裡，我們最喜愛採買的除了蔬果與烤雞外，就屬令人無法抗拒的法式糕點與精采多變的百種乳酪。

某次我在網路上的動物討論區裡，竟看到這樣的話題：
Pourquoi n'y a t il pas de nourriture pour chat au goût de souris？（為什麼沒有老鼠口味的貓食呢？）狗可以在路上隨地大小便，貓咪們能享有老鼠口味的罐頭，在信奉自由與美食的法國，還有什麼不能替愛貓愛狗們做的事呢？

金牌美食家貓食

　　在重視美食與生活品質的法國當隻貓，果真幸福無比，連貓食的口感與味道都別出心裁。以這金牌美食家推出的貓食系列為例，包裝盒上共有四種由左至右呈現的料理方法。

La gamme Gold, des menus irrésistibles 金牌系列，無法抗拒的菜單。

・淋上鮮美濃稠肉汁的鮮嫩果核狀肉塊
・滑嫩爽口、入口即化的幕斯肉塊
・包裹著柔嫩小魚塊的爽口肉派
・精緻細嫩的碎肉派凍

　　貓老大喜歡第一種淋著鮮美濃稠肉汁的果核狀肉塊套餐，此套餐的口味有：橄欖醬汁鴨肉／蔬菜醬汁鱒魚／紅蘿蔔醬汁兔肉／蔬菜醬汁小牛肉。

　　老大最愛的口味則為：兔肉、小牛肉與鴨肉，別懷疑，法國貓咪們真的喜愛吃這些在台灣難得出現的口味，因此我常得拜託好友們從法國帶回這些美味貓食，而每次總讓他開心地打上好幾天的呼嚕！

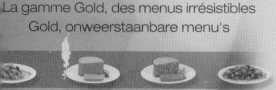

熱情與鮮豔的
普羅旺斯市集

貓老大也非常喜歡吃甜食與乳酪（當然每次只能吃少少一點點），我愛做法國料理，尤其以家常糕點為主。第一年的法國生活讓我學習了不少法式家常甜點，從各式甜派：巧克力派、蘋果派、栗子果醬派、杏桃派、草莓派、檸檬派到製作過程有點小繁雜的蘋果倒塔；還有洋蔥派、蘑菇派、尼斯派……等各式鹹派。除此之外，我幾乎天天都會做個

蛋糕，因為我太喜歡古董廚房裡隨時充滿甜甜的烤糕餅香氣（貓老大也是），還有因為超市裡唾手可得的各式酵母（leuvure），在法國做蛋糕是再容易不過的事了。

　　幾乎每個法國人從小就會做蛋糕！舉一種最簡單的優格蛋糕（Gâteau au yaourt）為例，以超市買來的優格盒子為量杯，一杯優格、一杯植物油、一杯糖（怕甜的加半杯就好）、三顆蛋、三杯麵粉與一包（約十一克）的粉狀酵母粉（levure chimique），把這些材料混和均勻後放入烤箱，用一百八十度高溫烘烤，短短幾分鐘的製作過程，不用雙手沾滿麵粉，一個好吃的優格蛋糕便完成！

　　貓老大最愛巧克力口味的蛋糕，其實只要一聞到奶油與糖混合烘培的味道，他就會貓心大悅地發出像水牛般的呼嚕聲，甚至如照片裡流幾滴口水！

　　至於乳酪，他喜愛腥味極重的羊乳酪，（怕羊騷味的人可以加點蒜末胡椒來掩蓋味道），我則偏愛拿破崙最喜歡吃的「卡夢貝（Camembert）」與包裝可愛、口味清淡的天使牌「愛的乳酪（

Fromage d'amour）」。在餐廳或是法國友人家享用乳酪拼盤，一次可以品嚐好幾種口味的乳酪，依朋友的建議，品嚐乳酪要從味道最淡的，像牛奶乳酪開始，最後再以味道濃郁的，如佈滿藍綠色霉塊乳酪作為結束。

　　圓的、長的、方的、菱形的、三角形的、不規則形的……各式各樣形狀的乳酪把充滿活力的露天市集點綴得更迷人，乳酪攤散發出的獨特香味更是讓法國人抗拒不了。但是對於尚未習慣如此過分豐富濃郁乳酪味道的遊客們，像當年剛抵達法國的我們，初次經過乳酪攤，尤其在經過一塊塊散發出如臭襪味的藍霉乳酪時，我們猶如聞到台灣臭豆腐的老外，不禁要捏起鼻子，暫時停止呼吸！

　　吃乳酪時絕對不可缺少紅酒，一口紅酒一口乳酪，這天使組合帶給味蕾猶如天堂般的享受！貓老大常常陪著我沉浸在這美味組合中。我常覺得自己非常幸運，上天賜與我一隻懂得隨時與我一起品嚐甜點乳酪的美食貓。自從有了他加入我們小倆口的美食行列後，我對烹飪的興趣更是無法自拔。有同伴一起分享烘烤糕點的香味，一同興奮地守在烤箱前，期待著熱烘烘的糕點出爐，然後你一口、我一口地一齊享用，生命中再沒有比這種分享更美妙！

　　住在艾克斯這段期間，每個禮拜最重要的任務便是扛著十幾本

食譜與馴貓經來回在市立圖書館Méjanes與費爾儂多街上的藍白小窩，這段不算短的路程，一趟得走上半小時。不過迷人的艾克斯小城，延途風景優美，處處響徹著源源不絕的噴泉聲，再加上對烹飪與貓咪的熱愛，讓我即使雙手到雙肩都沉甸甸，但仍在陽光下仍踩著輕盈愉快的步伐！

　　不管待在哪個城市，除了學校與朋友外，在法國的這段時光，市立圖書館成了我最佳的良師益友。法國的圖書館館藏豐富，只要憑著居住證明與學生証便能辦理藉書証，可以借閱書籍、CD、DVD與錄影帶。唯一令人感到好奇的是DVD比起館藏的錄影帶來，可以說是少之又少。

　　但是借閱錄影帶久了，漸漸地反而產生了重溫舊夢的美好情懷，彷彿像生活倒退了十年，回到那個只有錄影帶，而沒有充斥高科技與變調失速生活的淳樸年代。在法國有許多東西，總能帶領著心靈遠離塵囂，重回單純美好，感受最原始與貼近生命的快樂。這感受像聽見百年教堂裡傳來的聲聲鐘響、踏上累積百年歲月的石階或是輕觸屹立世紀的城牆，在這裡，整條街、整座城，沒有一處不保留著生命的原始悸動，等你來感受與發掘。

　　貓老大在南法，除了接受美食與歷史古蹟的薰陶外，他也喜歡觀賞繪畫。偶爾我一時興起塗鴉時，他總是安靜地待在一旁，心神專注地看著任我揮灑油彩的畫板。我希望有一天能像法國畫家史坦琳（Théophile Steinlen）一樣熱情地畫貓，所有的繪畫主題都是貓。貓眼、貓耳、貓身、貓掌、貓鬍鬚、貓尾巴……在迷人的貓咪身上，無處不是最佳的繪畫主題。

Chat impressionniste

Chapitre 7

與塞尚為臨，印象派的貓

在艾克斯有位赫赫有名的人物非得認識不可，那就是印象派之父塞尚（Paul Cézanne, 1839~1906）。走在艾克斯街上若是低頭瞥見閃著一片片刻著「Cézanne的黃銅片」，那便是標名了大師曾經走過或是畫過的地方。

塞尚親手打造的畫室（Atelier Cézanne）位於艾克斯城北的山上，凡是艾克斯的居民或是美術學院的學生，皆不用買票進入畫室。通常我們選擇步行的方式上山，在信步間觀賞沿途變換的普羅旺斯山景，走累了就在畫室前方的大庭園小憩，感受山裡的綠蔭與冰涼，參觀完畫室後繼續往山上走，便到達畫室後方可清楚眺望聖維克多山的大平台，我甚至認為，這個替身心帶來感動的位置，比塞尚畫室更值得一遊。

灰白色的聖維克多山（Mont Saint Victoire）是塞尚最喜愛的作畫主題，他畢生畫過的聖維克多山共有四十四幅油畫與四十三幅水彩畫。平台上的聖維克多山畫作，以半弧形的方式一一排列著，站在弧形的中央遠眺遠方，寒冬披著一層薄紗抑或是綻放在夏日艷陽下的聖維克多山，每個季節

裡的它，都叫人傾心。也難怪維克多的同學阿倫（Alain）曾這麼說過：「每當車子駛進艾克斯，只要遠遠地望見聖維克多山，便找到了回家的歸屬感。」

日後回到艾克斯，每當巴士繞下公路出口緩緩駛入市中心，望見佇立遠方的聖維克多山，總會心有戚戚焉地想起了阿倫的話。它如同定格回憶的相機，這是座定格千千萬萬個艾克斯回憶之山。

五十五歲的阿倫（常自稱是維克多的爸），不只好學，更好客，他們兩人是班上唯一住在艾克斯的同學，每天一起搭乘巴士往返在薩隆與艾克斯之間，因此累積出特別好的感情。我們常受邀到到阿倫家作客，他的廚藝十分精湛，年輕的時候曾寫過一本泰式料理食譜，他常得意地說：「現在到市中心的市立圖書館還借得到我寫的食譜呢！」

阿倫有個喜愛貓咪更傾心於異國文化的媽媽，她的大妹嫁到美國，小妹嫁到泰國，身體好的時候每年定期到國外旅遊。因為貓咪與旅行的關係，我們跟她特別投緣，也因此在突然決定搬往巴黎時，我們曾經考慮把貓老大送給他（當年維克多打著「養貓送一年伙食費」的如意算盤，想儘早把貓老大推銷出去）。我想貓老大對於他們十分普羅旺斯色調的家，必定非常傾心，還有他可以每天在裝有伸縮著遮棚的大露台（這是屋內令我非常喜愛的空間），享受南法的風暖日麗。

記得我們受邀到他家作客的某個午餐時光，我們正一邊享用飯後咖啡，一邊聊著貓咪經，窗外突然降下今年第一場瑞雪，雖然露台外白雪紛飛，但是上方那片敞開一半的繽紛遮棚，彷彿把普羅旺斯的暖陽引進屋內，讓我們的心溫暖無比，彷彿回到朝思

不僅愛拍照更愛攝影的阿倫　　　與阿倫一家人的六小時馬拉松午餐

暮想的台北與家人們團聚一般。

　　熱情的阿倫經常充當我們在南法地區的專業導遊，某次他正開著他的白色小Suzuki帶我們一行人從風光明媚的蔚藍海岸（Côte d'Azur）風塵僕僕地返回艾克斯，因為我心裡一直掛念著等待吃晚餐的貓老大，就在我們靠近聖維克多山腳下，我不禁讚嘆起聖維克多山的壯闊美麗時，沒想到博學多聞的阿倫在解釋完山勢與地形後，突然抓緊方向盤，彎入右邊的岔路。他興奮地提議：「讓我們到山腳下，感受聖維克多山的清新脫俗吧！相信我，你們一定會喜歡，而且難以忘懷！」於是我們往陡峭的山路前進。

　　那個傍晚，我們就在聖維克多山山腳下的露天咖啡座裡，一邊暢飲著冰涼的茴香酒（Pastis），一邊沉浸於山中的美好寧靜。清新脫俗，我喜歡阿倫對聖維克多山的形容，在它的懷抱裡，我們還巧遇了一段美好的邂逅之緣，這緣份還是跟貓脫不了關係。

　　就在去年寒冷的三月天，藉著出差之便我們重返艾克斯，此行的目的之一是了讓美麗的普羅旺斯入境在我們的婚紗照裡，另

聖維克多山山腳下

一個目的是採購貓老大的法國貓食，身在台灣的他想念家鄉的食物想得發慌，當然最後一個伴隨出差而來的目的就是充當我幾個可愛同事們的臨時導遊。

我們一行人穿著厚重的大衣往山上前進，這些不習慣走路的台灣人倒是一點抱怨都沒有，因為身體在寒冬裡越走反而越暖和，走路成了最愉快不過的保暖運動。正當大夥陶醉於眼前的霧中聖維克多山美景時，「Bonjour!」正在溜狗的蜜絲莉太太（Madame MICELI）響亮清脆的日安聲，打破寂靜，接著，跟隨在她身邊的東尼（Tony）狗兒瞬間搶走了聖維克多山的丰采，所有人的相機全都對準了長得像可愛毛絨玩具般的東尼猛拍！

M. et Mme François MICELI
«Le Panoramic» Bât. D
2 avenue Léo Lagrange
13090 AIX EN PROVENCE
☎ 04 42 23 37 80

蜜絲莉太太在我們初次見面時，遞給我的名片。

正在溜狗的蜜絲莉太太

　　親切的蜜絲莉太太不僅大方地把東尼借給我們當照相模特兒，還熱心地幫大家拍照，拍照的樣子十分專業。

「你們趕時間嗎？到我家喝杯咖啡吧，我家就在前方不遠處！」我們喜出望外地接受這個熱情邀約。由狗兒東尼帶路，幾分鐘後我們到達幾棟漂亮的公寓前方。記得艾克斯的友人曾說過，位於塞尚畫室山上這一帶的房子都屬高級住宅，價格比著名的米哈波大道（Cours Mirabeau）上的公寓還高，而高價的原因就在於此

處是遠眺聖維克多山最佳地點。一生窮途潦倒的塞尚，怎麼知道自己死後聲名大噪，他更是沒想過現在與他為鄰的都是富貴人家哪！

蜜絲莉太太帶著我們走上位於三樓的大公寓，樓梯間裡掛滿了一系列的聖維克多山攝影，詢問之下才知道原來這些都是熱愛攝影的蜜絲莉太太的作品。她指著其中一張照片，紅色夕陽不偏不倚地落在聖維克多山兩峰中央，她說：「一年之中只有兩次難得的機會能捕捉地到這個經典畫面！」那麼她是怎麼辦到的呢？

一進入蜜絲莉太太家，就在穿過陽光灑落的大客廳後，大家似乎都知道答案了，就是眼前這個面對山景而且視野非常良好的大露台。站在這便能清晰地望見遠方的山景，彷彿塞尚的畫作重現眼前。

這大露台猶如一個大畫框，雪白的聖維克多山與環繞著她的薄霧就出現在相框中心，眼前無疑是一個完美無比的構圖。蜜絲莉太太幾乎每天都在這，像塞尚一樣勤勞不懈地捕捉聖維克多山多變的姿態，一個拿著畫筆，一個拿著相機，不論今昔，聖維克多山都深深地吸引創作人，更啟發數以萬計的美麗創作。蜜絲莉太太家雖然是新穎的公寓大樓，但屋內的擺設十分異國風味。從屋內一尊尊非洲風味的雕像擺飾與入門處那一大只猶如阿里巴巴四十大盜裡的寶藏箱，還有四處綻放的花朵植物，讓人恍若置身熱帶度假島嶼，屋內的異國風情與屋外的高級住宅，形成熱情與恬靜的強烈對比。

接著我們一起進入她的臥房，只見她從櫥櫃裡一一拿出各式各樣的古董相機。她把相機捧在胸前說：「從我出生的那一刻起，手裡便握著相機。」從她充滿熱情的眼神裡，我能感受到她對攝影與生俱來的熱愛。

　　床邊矮櫃旁擺了一張猶如奧黛莉赫本的黑白美女照，任誰看了都會十分驚艷。她笑笑地說這是「媽媽」的照片。「她好美，你跟她一樣美麗。」我幾乎像掉進感動裡似的對她說。「沒有……最美麗的是媽媽……」她用媽媽（mamom）而不是母親（mère）這樣的親暱稱呼，無意間流露出對母親的思念。

　　這房間裡還有另一個掛在牆上的思念，那是張八開大的灰色虎斑貓照片。虎斑貓照片拍攝於瀕臨地中海的南法大城蒙伯里埃（Montpellier），照片裡的貓咪就站在面海的大露台上，藍白相間的遮陽布襯出他一雙聰慧的眼睛，至今我仍記得閃耀其中的光芒，如同我的卡布點貓老大眼裡所蘊含的能量一般，這是會叫人思念一輩子的眼神。虎斑貓的照片就掛在床的右邊，距離臥房門口不遠，她說：「這個位置能讓我無時無刻都看得到貓咪，每天伴我入睡。」

　　聽到這句話的當時，我還沒失去貓老大，但是當我書寫這段文字的現在，我發現，我也把心愛的他的照片擺在一個靠近床邊的最佳位置，好讓我無時無刻能望見心愛的他，我常常對著他說話，問他是不是正在馬賽街上曬著太陽打著盹？

　　聖維克多山喚起了塞尚的繪畫熱誠，也喚起了我們與貓老大永不能割捨的情感。當我們下定決心一定要帶著他一起北上巴黎時，我還不太敢想像「馬賽貓北上巴黎」這聳動的標題。

　　馬賽與巴黎這兩個南北大城的對立，自古即有，至於怎麼樣去體會與協調南北間的衝突與矛盾，我想，勇於接受挑戰的貓老大正躍躍欲試。首先，他得歷經生平第一趟子彈列車（TGV）之旅。

綠樹倒影，黃土小徑中央正在等待的東尼，感覺矗立眼前的聖維克多山。這是蜜絲莉太太送給我們許多張她拍攝的聖維克多山照片當中，最令我喜愛的一張。

La première
expérience de TGV

Chapitre 8

第一趟子彈列車之旅

我們正朝著北方走，逐漸遠離燦爛的陽光，遠離故鄉。這麼做，是為了想冒險，想流浪，想在生命裡留下一道道精采難忘的足跡，人生是一趟趟充滿驚奇的旅行，馬賽貓北上巴黎，有許多未知的體驗在等待著我們一探究竟。

即將離開美麗的普羅旺斯，非常不捨，捨不得跟店裡的同事們道別，尤其是安妮媽媽，多愁善感的她爲了我們的分離躲進廁所掉眼淚，平常總是嘻皮笑臉的尙皮耶，在我們即將遠行的那一陣子，每天都爲了我們分離而惆悵傷神，像極了感傷的詩人。他每次見我必說：

　　「喔！我的小卡！告訴我妳改變主意不離開了！南部的天氣這麼宜人、風景美麗、人們熱情和善（尤其是馬賽人，他特別強調），你們怎麼能不改變離開的主意呢？看看這片藍天，在巴黎灰濛濛的天空下，妳一定會後悔離開的決定！相信我，Ca！當妳在巴黎看氣象報導（Météo，法國人眞的很愛這玩意），地圖上的巴黎下著雨，而馬賽卻畫著大太陽，妳一定會忍不住罵句Putain！」

　　最不想離開的是貓老大，橫行在馬賽街頭將近十年的時光，這是生平第一次眞要流浪到馬賽以外的地方，離開蔚藍的地中海。

　　而他對故鄉馬賽的愛有多強烈呢？每當我跟他說話，提到「Marseille（馬賽）」這兩個字，尤其是「賽」（法文發音是/se/），他的反應總是特別熱烈，豎起耳朵瞪大單眼，彷彿想起什麼似的。所以回到台灣後，爲了彌補他的鄉愁，我跟他對話時常常添加「賽」這個字！後來我索性把他的姓（NOM）取爲"De Marseille"。所以他的法文全名是"Capitaine de Marseille"（卡布點得馬賽），而字面的意思是「來自馬賽的船長」。這個"de"出現在法國古代皇公貴族的姓氏中，至今仍有不少法國人使用這個姓。每次我叫他"Capitaine de Marseille"或是"Le Marseillais"（馬賽人），總讓他貓心大悅地左擺右晃起他的靈活的斑紋尾巴。

　　分離的時刻總會到來，在開往巴黎的子彈列車動身的那一刻，我們似乎都聽見了心底那股吶喊的道別聲：「願馬賽以我爲榮！」

第一趟子彈列車之旅

　　記得某次在巴黎地鐵上，貓老大正處於麻醉後的甦醒狀態，他一反常態大喵大叫地哭鬧，我不知所措，只能試著一直安撫他，然而，幾乎整個車廂的人都瞪大眼睛看著我，眼神裡透露著責備：「可憐的貓……妳到底對他做了什麼？」鄰座的一位中年男士，忍不住語重心長地對我說：「我也有隻貓，但從不帶他出門，貓咪不喜歡到處移動的。」

　　我苦笑（我並不想帶他去醫院，更別說讓一支無情的針頭刺進他血管裡），我不大同意他的說法，因為每隻貓都有他（她）獨特的性格，想必他沒看過彼得・蓋澤斯（Peter Gethers）為他那隻酷愛旅行的英格蘭摺耳貓諾頓（Norton）所寫過的三本書。

最愛兜風的狗寶貝

　　某些貓咪，像諾頓與貓老大，對於移動很能調適。諾頓從小就被彼得帶出門，從一只小口袋到一個旅行提帶，諾頓一生中旅行過大大小小的國家，也幾乎乘坐過每一種交通工具，不過我必需自豪地說：「除了地鐵、火車、汽車（包括巴士、公車與計程車）、飛機外，貓老大坐過的交通工具，還比諾頓多了一樣，那就是充斥在台灣街頭巷尾的摩托車。」

　　一隻台灣貓咪或是狗狗，乘坐摩托車是最平常不過的事，（但就國際的觀點來看，這可是世界奇蹟呢！我們的貓狗真棒！）但對一隻法國貓來說，果真帶給他不小的驚嚇。不過，照慣例在幾分鐘之內，他便恢復往常的鎮定，而且絕不會再懼怕第二次。這是貓老大的與眾不同之處。對於第一次搭乘的高速子彈列車TGV（Train Grand Vitesse），他也是「搭一次就上手了」。

　　待列車出發沒多久，我便緊張兮兮地帶他前往寬敞的廁所，把裝有貓沙的小塑膠袋放在地上，示意要他先fait pi pi（小解），這是臨時替他發明的拋棄式廁所，一開始並不知道管不管用，沒想到聰明伶俐的他，一轉身就對準只有手掌般大小的貓沙袋，開始pi pi！從此之後每次出門旅行，我便仿照此法準他的拋棄式廁所，輕鬆地解決在旅行中惱人又要命的問題，讓行動中的他更舒適快活。

就是這一只貓籠，陪著我們環繞了大半個地球

為了讓貓老大有更寬大的空間，我們這兩位窮學生竟然破天荒地買了一等車廂的座位。一等車廂位於上層，座位寬敞，兩人面對面相視而坐（法國的大眾交通工具，很喜歡這種大眼瞪小眼的座位方式），中間有一張摺疊桌（貓老大就在這睡覺）與一盞檯燈，桌下有插座可供手提電腦使用。

　　至於需不需要幫貓買票，行前我們問了許多法國朋友，一半說：「當然要！甚至連小鳥都要買票呢！」（此話當真，因為某次我幫貓老大買的車票上標示的竟是Oiseau（鳥類），我疑惑地問售票先生，他則回答說此舉只是代表性地表示這是張動物車票。我知道如果我繼續反駁：「那為什麼不打上"Chat"（貓咪）呢？」他又會給我一個沒有理由的理由，我可不想延誤搭上全世界最準時，準時到幾乎一秒都不差的子彈列車。）

　　另一半的人說：「幹麻替貓買票?我從來不買！」常常如此，總會有兩派相左的意見，至於選擇哪一邊，總把自由掛嘴上的法國人說：「決定權在自己手上囉。」至於需不需要幫貓買票，我們還是秉持誠實原則，每次必買。再者，像我們這樣大剌剌地放貓在車箱裡隨意遊走，不亮票給查票人員有點說不過去了⋯⋯

　　當我們把貓籠放定位後，打開格子小門，貓老大在東張西

貓老大的高鐵車票

望中緩緩走出,然後身體倚著窗,出神地望著窗外快速移動的風景,他不時伸長脖子,擺著頭,臉上的表情寫滿了驚奇,並且用帶著問號的琥珀眼珠頻頻回頭看我。「窗外的風景真美,不是嗎?」我對著好奇的他說。

他的眼神裡,充滿著肯定的回應,我想長這麼大這應該是他第一次在短短三個小時內觀賞法國從南到北的美麗田園風光吧。

我們正朝著北方走,逐漸遠離燦爛的陽光,遠離故鄉。這麼做,是為了想冒險,想流浪,想在生命裡留下一道道精采難忘的足跡,人生是一趟趟充滿驚奇的旅行,馬賽貓北上巴黎,有許多未知的體驗在等待著我們一探究竟。

donner au train des idées d'avance

SNCF 法國國鐵
（Socitet Nationale des Chemins de Fer Français）

法國國鐵營運的列車種類為：高速火車（TGV: Train Grande Vitesse）、特快車（Rapide）及地區火車（TER: Train Express Regional）。

TGV以巴黎各主要車站為中心，行駛路線分為從里昂車站（Gare de Lyon）往法國隆河谷地與普羅旺斯的第戎、里昂、日內瓦、阿爾卑斯山、蔚藍海岸的尼斯與義大利的羅馬；從蒙帕納斯車站（Gare Montparnasse）往法國羅亞爾河谷的漢那、南特、土爾、普瓦提耶、波爾多與西班牙、葡萄牙；從北站（Gare du Nord）往法國北部的阿哈斯、里爾與英國、比利時、荷蘭、北歐；從東站（Gare de l'Est）往法國東部的史特斯堡與盧森堡、蘇黎世、德國、奧地利、匈牙利。

優惠票

1.通常提早一個月上網http://www.voyages-sncf.com/leisure/fr/launch/home/ 購買，就能有五十％～七十％的折扣價格。

2.網路上可購得的"dernière minute（最後一分鐘）"，常會有令人意想不到的優惠票價，不妨隨時上網碰碰運氣，搞不好正好有明後天你即將出遊地點的優惠車票。

3.針對二十五歲以下、非熱門時段、兩人或四人同行等等特惠價，買票時務必與櫃檯人員溝通清楚，以免錯失優惠良機。

4.優惠票的缺點是不能更換日期與時間。

111

Bonjour Paris!

Chapitre 9

日安・巴黎

「巴黎，在這個永遠都會取笑我們馬賽腔的高傲花都裡，
想不到我會淪陷在敵方的陣營裡。唉，沒辦法，還不是為
了這對小愛人，他們既然執迷不悔地認為：如果沒在巴黎
生活過，就不算待過法國！」
在前往巴黎的途中，維克多幫貓老大下了這段註解。

我猜想喜愛冒險旅行的貓老大應該很想親身體驗花都生活，長這麼大他應該還沒看過令巴黎人又愛又恨的艾菲爾鐵塔（Tour Effeil）、散步在浪漫迷人的塞納河畔（La Seine）、登上可將巴黎盡收眼底的蒙馬特山丘（Montmartre）。當然，這些景緻再怎麼迷人，也比不上他的故鄉馬賽，因為那裡的一切，永遠是獨一無二。

四月當溫度日漸回暖，吹得人頭皮發麻的密斯托拉風遠離的時刻，因為維克多意外獲得巴黎廣告公司的實習機會，我們在一陣慌亂中打包細軟準備搬家，幸運地在短短半個月內，迅速地在寸金寸土的巴黎二區磊亞勒商場附近（Les Halles），覓得一間陽光小套房。這要歸功於方便的網路租屋系統Logdis （www.logdis.com）。在巴黎紐約甚至各個著名的觀光城市，都有這種租屋網站，前提是租屋者必須給付一筆仲介費。我覺得收費合理，而且有保障，無須擔心碰到惡房東。

貓老大依舊被我們隱密地藏了起來，因為許多房子，連我們租的這個十八平方米小套房都被要求不能養寵物。這讓我稍稍質疑了法國人的愛貓愛狗情操，狗可以隨地大

小便，貓被捧得高貴獨立，更有人說：「在巴黎，貓狗的地位最高，其次是女人，最後才是男人。」但為何不准養寵物的房子卻一堆，尤其在巴黎。

對於這個「不人性化」的要求，依照法國人解決事情的方法有兩種：一是罷工抗爭，二是遵守「表面」合約。那我們就選擇後者，不讓房東看見寵物。

巴黎租屋的事情就緒後，我們開始處理解電話約、水電約、房屋保險合約與更換銀行合約。進行解約真是件非常可怕的事，不僅浪費時間更浪費金錢！首先，你得洋洋灑灑地寫一封解約信，文情並茂、敷衍了事或是嚴肅簡短的內容皆可，接著用雙掛號寄出（寄一封雙掛號信的價格大約兩百多塊台幣……），幾天後收到對方的回條，等等，這並不表示解約完成了喔！還得等上幾天直到收到一封宣告「親愛的女士先生，您的合約已經解除」的信，這才代表你已經「完完全全」地解約！否則，合約的問題很可能會跟著你一直到下個目的地，也可能被遺忘在已經人去樓空的舊地址許久後再找上你。有人用電話解約，但往往還是在付費電話裡被要求：「請您寫一封解約信到敝公司來吧！」我常問貓老大：「為什麼你們行事總隨性浪漫，對於解約這件事這麼麻煩呢？」他一副事不關己的模樣，用屁股壓著合約，繼續盯著窗外發呆。

巴黎新家的中庭

115

巴黎的第一步

里昂車站（Gare de Lyon）是貓老大踏上巴黎土地的第一個地點，日後也是我們頻繁進出的車站，因為開往法南的列車就從里昂車站出發，而車站大廳裡，無時無刻不充滿著南下蔚藍海岸與普羅旺斯度假的巴黎人。

氣勢非凡的里昂車站是設計師馬里于斯・圖杜瓦（Marius Toudoire）在一九〇二年的傑作。位於新藝術建築風格的車站大廳二樓，是常出現在法國影片中的著名的餐廳 — 藍色火車（Le Train Bleu）。

一階一階爬上旋轉樓梯後，貓老大第一次踏入華麗的餐廳。金碧輝煌的屋頂，垂吊著閃閃發亮的水晶燈，牆上掛著出自於著名藝術家的四十多幅精采大壁畫。其中一幅關於馬賽風光的壁畫，看得我們這才離開馬賽的兩人一貓頓時熱淚盈眶。我們一邊喝著咖啡，一邊觀賞車站裡人絡繹不絕的旅客，讓思緒緩和，舒緩一下旅途的疲憊，準備迎接巴黎新生活。不一會，貓老大就在沙發上打起了瞌睡，我想他應該夢見自己手拿著棒子麵包，嘴裡含著雪茄，十分巴黎模樣地走在街上！

貓老大的乾媽蜜雪（Michelle），也是我們在南法的好友，先把他帶到巴黎友人家避避風頭，我們則搭著計程車往磊阿勒與新房東會面。貓老大跟著蜜雪先搭乘地鐵，接著轉乘公車，沒想到短短的一天內，在經歷了第一趟時速三百公里的子彈列車之旅後，他馬上要體驗一趟巴黎地鐵與公車之旅。而我們，原本只需花八分鐘車程就可以到達四公里遠的新家，竟然開了將近二十分鐘，我想這趟巴黎計程車之旅，也不遜色於他的地鐵與公車之旅吧。

巴黎計程車之一：西班牙司機

從里昂車站到位於 Sentier 站的新家，搭地鐵或是公車就可以到達，但頭痛的是我們帶著一箱重達四十公斤的家當。（如果你知道這些所謂的家當就是我做糕點用的笨重鐵器以及那些易碎但是漂亮到令我無法割捨的杯杯盤盤，不曉得你會不會跟維克多一樣，一路上一直抱怨著！）

好心的司機跟維克多費力地把這重如磚頭的行李扛上後車廂後，他先氣喘如牛地對我們說聲Bonjour，然後要求必須喘息一下再開車，但當他在喘氣的同時，已經按下計費表。

約莫三十秒後（對我們兩位窮學生來說，簡直像三十分鐘這麼久），他發動車子開始緩慢地前進，時速大約十公里，而他聊天的速度倒是比開車的速度快。「你們從哪裡來啊？看起來不像來巴黎觀光。（是啊，有誰會拖著一箱四十公斤的行李在路上觀光）」他問。這時我發覺他説法文有特別的口音。

Taxi Paris：

全巴黎共有15,200輛計程車，每輛車每天約跑二十趟車程。

117

「我們剛從普羅旺斯北上。」維克多説。我在一旁開始對這個説話帶有怪異口音的司機起了點疑心。

「在風光明媚的普羅旺斯唸書呀！真是幸運！」他猶豫了一下，選擇右邊的叉路前進，但不忘繼續我們的對話:「台灣啊，幾年前我去過高雄呢！」一個陌生人，在陌生的巴黎街頭，在我們的法文對話裡，跟我們説「高雄」，感覺真奇妙！

「是啊，幾年前我的兒子外派到上海工作時，我曾到中國旅行，還順便去了台灣和香港，高雄好熱喲！」嗯，挺熱的，高雄的太陽就像馬賽太陽一樣熱情，他的確去過高雄，當我開始放下戒心，覺得他應該不是想多騙錢的黑心計程車司機，突然，他回頭微笑地跟我們説:「不知道該往哪走？傷腦筋呦。」「我們迷路了嗎？」我有點驚訝，一位巴黎的計程車司機讓我們迷路在巴黎的路上，這感覺更奇妙！

接著他一臉「這很正常，你不知道巴黎的路很複雜嗎？」的表情提議:「我們該停車，翻一翻它。」他手裡不知何時出現一本厚厚的巴黎地圖。接著他打開那本作了密密麻麻記號的地圖書，然後慢條斯理地一頁一頁尋找著該往哪走。他邊翻頁邊抱怨幾乎都是單行道的巴黎車道實在太複雜了……

「麻煩你快一點，我們需要爭取時間！」看著跳動的計費表，我壓抑不住地脱口而出這句話，維克多覺得我直接得有失台灣人的國際形象。我開始不知怎麼地認為此刻該跟法國人一樣爭取自己的權利，所以我竟然質問起司機來:「這是你的工作，你在巴黎開計程車，不知道路怎麼走？」

「我是西班牙人，幾個月前才到巴黎定居，一直努力想熟悉

巴黎的道路，可是這真比想像中還要難喲！」他微笑著又一派輕鬆地說：「請不要擔心，我們其實已經快到了，只是前面是車子禁止進入的蒙特格爾街（Rue Montorgueil），你們居住的聖救世主街（Rue ST. Sauveur）從蒙特格爾街步行到中間的小巷轉彎就到了，只是這位先生（他指著維克多），恐怕無法從這裡扛著這麼重的大行李步行到你們的目的地。」

　　原來，好心的司機認為他應該繞到前方另一條離我們目的地比較近些的黑歐慕兒街（Rue Réaumur）。或許是因為高雄的炎熱或是我太過直率，當我們下車時，熱心的西班牙司機竟然下車幫忙我們一起把行李搬到巷口。「祝你們在巴黎開啟美好的前程」是他道別中的祝福。

　　誰說巴黎高傲冷酷，來往巴黎這麼多次，卻常常在街頭感受到這樣溫暖無比的善心與熱情。

119

巴黎計程車之二：非洲先生開的賓士車

　　在離開巴黎即將飛回台灣的當天，我們在巴黎街頭再次感受了陌生人給予的善心。當天我們預計搭乘上午十一點的長榮班機，最令我心神不寧的是第一次搭飛機的貓老大，為了他，我們（應該是我）神經緊繃，除了準備大大小小的出入境文件外，為了他的第一次飛行，我們頻繁進出獸醫院也打電話到航空公司詢問不下數次。然而這些瑣碎雜事，卻讓我們忽略許多其他重要的事，像是準時出發到戴高樂機場這要命的事！

　　我們的行李多到已經作了被酌收超重費的打算，為了避免上下地鐵站搬運這些眾多可怕的磚頭行李，我們計畫當天搭計程車出發到機場。在黃頁簿（Page Jaune）上找查詢了巴黎十五區計程車站的電話後，我撥了電話預訂明天早上的計程車。

「Madmoiselle（小姐）！您明天早上出發前再打來就好了！」電話彼端的服務人員以輕快雀躍的語調回答。隔天一早七點多，

我再次打電話到計程車站，服務小姐以早晨輕快的語調要我耐心等候，馬上替我連絡附近的計程車。五分鐘過去了……然後十分鐘……十五分鐘過去了……然後整整二十分鐘過去了，我終於聽到甜美的法文告訴我：「Madmoiselle！很抱歉，目前在您住處附近，完全沒有任何一輛計程車喲！」

怎麼辦？眼看著時間一分一秒飛逝，已經七點四十分了，我們快速地拎著大包小包行李飛奔到巷口，貓老大連跟大窗外的法國梧桐說再見的時間都沒有，祈禱剛好有路過的計程車可攔載。

站在路口，又看著時間一分一秒飛逝，果真如計程車站小姐所言「目前在您住處附近，完全沒有任何一輛計程車喲!」平日車水馬龍的車道，今日竟然空蕩蕩，連一輛最顯眼的巴黎計程車都沒有。即使在清晨五點的巴黎街頭，我們都曾順利地招攬到計程車……在法國，永遠都有讓你意想不到的事情會發生！

我們再度拖著沉重的行李們走進地鐵站，打算前往達蒙帕納斯車站（Gare　Montparnasse），再想辦法前往前往機場。最快速到達機場的方法應是郊區火車RER，但不幸的是我們的行李多到不知如何搬上火車。計程車還是唯一選擇。當我們從地鐵站艱辛地爬上位於地面的計程車招呼站時，那裡已經有一群大排長龍的人潮，全都在等著計程車！

我看著在籠裡十分不耐煩的貓老大，他已經悶在裡面一個多小時了，手上的錶分針時針已經轉動到了九點半……雖然車站門口的人員一再告誡我們不能在不是計程車站的地方隨意招攬計程

車，但我以一個女人的意志力告訴我身旁的男士：「沒辦法了，好不容易把貓老大跟這些超過一百公斤的行李搬到這裡，我們一定要搭上飛機！」

此話一說完，我瞥見前方不遠處有輛耀眼發亮的黑色賓士車，更令人振奮的是車頂上那個寫著TAXI的小牌子，我彷彿看見生命的曙光，立刻放下手上的貓籠，往遠方正與兩位貴婦乘客道別的計程車司機方向飛奔。

「他是位黑人司機，我的黑人朋友們！你們從未讓我失望過！」我邊跑邊吶喊著。果然，他先說明了我們這樣搭車是違法的，mais（凡事只要聽到這個「但是」事情就有轉機了！）情況十分緊急，他請我們趕快上車，並且有把握在十點左右讓我們抵達達戴高樂機場！

短短二十分鐘的車程，我們跟貓老大坐在寬敞舒適的賓士車裡，作了一趟最後的巴黎名勝巡禮：從蒙帕納斯高塔出發，一路上行駛過有著巍巍大金頂的傷兵院（Invalides），在艾菲爾鐵塔的目送下，跨越過波光粼粼的塞納河，行經凱旋門（Arc de Triomphe）前方的香榭大道上，身體隨著車輪與鋪石步道的摩擦而為微微晃動著，這個美麗的意外，帶我們我們繞行著凱旋門前的圓環，從麥幽門（Porte Maillot）跟巴黎說再見。

好心的黑人司機讓我們（尤其是貓老大）在離別前夕更加思念馬賽的家人朋友。這是我們在巴黎街頭體驗過最幸運也最甜蜜的事情，同時也是貓老大一生中最難忘的計程車之旅。

車窗外最後一瞥的巴黎街景

123

Louer un appartment à Paris

Chapitre 10

124

巴黎貓窩

「巴黎二區，聖救世主街，近地鐵站磊阿勒站（Les Halles），十八平方米套房，熱鬧的蒙特格爾街（Rue Montorgueil）就在巷口，磊阿勒商場Forum des Halles近在咫尺，位於三樓，沒有電梯，附全套家具、網路與電話，適合兩人居住。」

當初在網路上看到這個租屋告示的時候，我便迫不及待地敲打滑鼠左鍵，點選這段文字旁的照相機符號，出現在電腦螢幕的第一張照片是有著石頭步道與綠色藤蔓的迷人中庭，這似乎出現在電影《愛在日落巴黎時（Before Sunset）》的石頭庭院，讓我們毫不猶豫地租下這間非常合乎我們要求的完美小套房。再者，以鬧區的租金來看，對我們兩位還需負擔一隻難搞貓老大的昂貴伙食費的窮學生而言，實在合理。房東艾希克先生（Eric）是位溫柔有禮的紳士，初次見面就勞動他與維克多奮力地一起把那箱超過四十公斤的家當行李搬上位於旋轉樓梯中的三樓房間，看著兩位男士舉步維艱、雙腳發抖一階又一階地踩上階梯，真不好意思⋯⋯

艾希克房東年輕的時候在艾克斯唸書，所以當他見到我們，臉上的欣喜猶如見到南法陽光一般地燦爛。「在陽光燦爛的普羅旺斯唸書，真是太美好了！」他說。我們一見如故，他非常讚賞我們赴法體驗異國生活，並且認為旅法的歲月將會是我們回顧生命歷程中最美妙的時光。

「嗯，養隻普羅旺斯貓咪，讓生活更是美妙呢！」我幾乎脫口而出這句話，衝動地想告訴他，我們從艾

克斯帶來了一隻毛茸茸、時而兇猛時而熱情如南法艷陽的貓老大來。我想看在他是隻來自普羅旺斯的貓咪，說不定艾希克房東會一把抱起貓老大，掉起悼念青春的眼淚。

　　果真，貓老大幫我們把南法的陽光帶來了！這個房間就如當初租屋告示上寫的「ensoleil（充滿陽光的）」！

　　住在法國短短兩年時間，我們總共住過四個家，所以這還不是我們的最後一站，誰也沒想到三個月過後，我們搬往巴黎十五區。每一個家都讓我們十分喜愛並且回味無窮，法國人擅於室內佈置，隨性擺擺弄弄，就呈現出「家」的溫馨氛圍。居住在上百年的古老房子裡，老舊迷人的家俱讓人生活起來就像穿梭在時空

隧道般地精采，在屋內感覺自己生活在中古世紀歐洲，走出屋外緩緩駛過小街道的汽車又將人帶領回現實的二十一世紀。

對於喜歡曬太陽的貓老大來說，窗是他的最愛。不管是艾克斯那扇只能與鄰居面對面（vis-à-vis）、很少有陽光灑進來的藍色大窗，或是巴黎二區挑高一層樓的陽光大窗戶，當然他最愛十五區那面對一顆梧桐大樹又有個小小露台的大窗。每天他都會在窗前打盹發呆，回到台灣後，他甚至學會在窗口聽阿公（維克多爸爸）的摩托車引擎聲。

懂事的他總是知道窗外是跳不得的高地，這也是他讓我了解的溝通方式。只要到達一個新環境，我會抱起他往窗外看看，讓他了解目前的高度，往後世故的他就知道跳不得……

這個位於巴黎市中心的陽光小套房，雖然只有小小的十八平方米空間，但是艾希克房東像變魔術般地把小套房佈置地精采又

豐富。穿過石頭庭院後，往後走到最後一棟四層樓的公寓，爬上旋轉樓梯（巴黎的公寓絕對少不了美麗的旋轉樓梯）就到了位於三樓的陽光小套房。

　　一進門是小小的長廊玄關，一把散發著鄉村氣息的藤椅擺在長廊的盡頭。爾後，它變成了貓老大夜夜磨爪的最佳工具。說到磨爪，這是我從不會阻止他做的事，從法國他最愛的藤椅到台灣家裡的紗窗，即使讓這些家具殘破不堪，能換來他抓抓的快樂，那一切都是值得的！因為脾氣古怪的他不喜歡替貓咪特製的貓抓板。再者因為他是個難得顯露稚氣的老大，唯有在抓抓那一刻，他才會高高地翹起屁股，像個開心的小朋友一樣玩耍，這是我知道不對但還是縱容他盡情抓抓的理由。

129

　　長廊右邊的窗戶可以望見花園裡那一大片爬滿綠色藤蔓的石頭牆壁。走進屋內映入眼簾的是陽光小餐廳，非常注重用餐時光的法國人，總把餐桌擺在屋內最醒目也最舒適的位置，接著才是客廳。

　　在小廚房裡該有的廚具從咖啡機到洗衣機應有盡有，唯獨缺少最重要的烤箱。烤箱在法國料理佔有相當重要的份量，甚至比我們遠渡重洋帶來的大同電鍋還重要，尤其是在製作甜點方面，沒了烤箱，等於跟貓老

Capitaine de Marseille

大宣告：從今以後，我們將度過三個月沒有糕點可烘培的午茶時光！

後來我忍受不了沒甜點做的生活，竟然拋棄了貓老大，跑到幾個街口遠的烹飪教室上起課來，當然我都盡量把課堂上作的糕點帶回家給老大嚐嚐，請他為我打打分數。

雙人大床位於挑高的半層樓上，法國人稱此為Mezzanine：夾層、閣樓。在地狹人稠的巴黎，沙發床跟Mezzanine是最能節省空間的方式。貓老大最喜歡Mezzanine，因為他可以高高在上的向下俯瞰我們。

除了有樓梯外，毫不遮擋陽光的小客廳是屋內最奇妙也最精華的一角。或許是貓老大真把南法的陽光帶來了，搬到這裡後，幾乎每天我們都享受著暖烘烘的巴黎陽光。誰說巴黎的天空總是陰鬱？或許是因為小窩裡的陽光實在太充足了，躺在舒適的小客廳裡，抬頭望著大窗戶外的藍天，我忍不住跟貓老大說：「這裡才是普羅旺斯嘛！」

131

在一年四季陽光普照的普羅旺斯，陽光變得理所當然，反而到了巴黎，陽光變得非常珍貴！人生真是奇妙，位於艾克斯的藍白小套房，只有午後才會有「光線」透進屋內，想曬太陽只得出門，反而到了巴黎，每天在家就能曬得一身古銅色！

　　貓老大對於天天享受的溫暖曝曬，樂得一掃離家的不安，從來沒看他透露出如此滿足的眼神。看來他對巴黎的第一居住印象，應該是非常普羅旺斯的！

Capitaine de Marseille

十五區的鄉村小窩

　　短短三個月後，我們又在意外中搬遷到另一個巴黎小窩，這是位於巴黎十五區鄉村味濃厚的新家，最喜歡此地恬靜生活的就屬貓老大。大窗台外面有一棵參天的法國梧桐，搬家當時正值炎熱的夏天，窗外的綠蔭梧桐替屋內帶來涼爽，讓老大常在窗台旁的大沙發上睡得四腳朝天。

　　讓我們感受到鄉村氣息的不只是家後院的那棵梧桐樹，步行約十幾分鐘遠的喬治布里松公園（Parc George Brasson）是我們常散步的地方。公園裡除了小葡萄園，還有蜜蜂養殖場，更美好的是這裡有一個綠色大湖。雖然是人造湖，卻讓遠離河邊已經年餘的我們感到十分開心。

　　能隨時親近一個美麗的湖泊或是一條動人的小河，去感受四季分明的變化與存在於自然中的美麗能量，這股神奇的能量不僅能淨化心靈，更能鼓舞生命。河流帶來的難以言喻的奇妙，是我們在居住過有一條隨四季變幻小河的普城所感受到的生命召喚。

　　巴黎是座非常適合散步的城市，遍布其中的花園從赫赫有名到默默無名，如果到了巴黎，請隨時帶著悠閒的散步心情，走累了，到公園的長凳上歇息或是露天咖啡座小憩，感受一下流動的巴黎街頭，眼前這個迷人的巴黎，必定會帶來許多意想不到的感動與驚喜。

133

Chat mechant
au bord
de la Seine

Chapitre 11

134

塞納河邊的惡貓

塞納河邊的書報攤也紛紛營業,在這什麼都賣的觀光書報攤,關於巴黎的什麼似乎可以買得到。我們突然瞥見一個似曾相識的影像,越看越覺得這隻綁著繃帶的獨眼貓神似我們家的貓老大。

就這麼陰錯陽差地，我們兩人一貓北上首都巴黎。巴黎華麗古典又俏麗時尚的多變樣貌，讓我們如同鄉巴佬進城般，對於遍佈街頭的咖啡館、餐廳、博物館、美術院、精品店、各式各樣的書店與個性小店驚艷不已。居住在巴黎精華地區的這幾個月，不論步行至熱鬧的磊阿勒商場（Forum Les Halles）或是浪漫的塞納河畔都只需短短幾分鐘，所以在傍晚時分出門散步，成了我們每天必不能錯過的約會。

位於龐畢度對面茶館裡的管家花貓

最常光顧的莫過於巷口的蒙特格爾街（Rue Montorgueil）、兩個街口遠的磊阿勒商場、龐畢度書店（librarie de Pompidou）與它對面書報商店裡的茶館（Salon du Thé），還有無時無刻不浪漫的塞納河畔。

短短的蒙特格爾街遍佈著餐廳、蔬果店、漁貨店、乳酪香料店，我們最常忍不住走進的是來自比利時的歐式速食店快客（quick），當然還有法國人生活裡最不能缺少的麵包店，每次我們買回去的棒子麵包總會被嘴饞的貓老大啃掉大半。他雖然一口老牙，但仍喜歡棒子麵包頭尾兩部分的酥脆圓角（croûte），維克多也喜歡吃這個部分，如果他發現貓老大竟然一個都不留地獨吞了兩端酥脆圓角的話，那貓老大就得接受他的數落。

　　正值涼爽的初夏，在巴黎街頭散起步來舒服宜人，我們總會不知不覺地散步到藝術橋（Pont des Arts），白天這裡會有個吹奏地十分陶醉的薩克斯風手，夜晚則會有一群群享受戶外野餐的人們，他們彈著吉清唱，而這些美麗的樂音總召喚著我們席地而坐，跟著他們一起享受夏日河畔的徐徐和風，貓老大最喜愛這種河畔乘涼。

　　搬來巴黎短短幾個禮拜，夏天假期轉眼到來，巴黎人急著逃離，而觀光客們卻接踵而至，河畔邊著名的景點從羅浮宮、奧塞美術館、巴黎聖母院、西提島、新橋、藝術橋還有塞納河上往返的大小船隻都擠滿了觀光客。位於塞納河邊的書報攤也紛紛營業，在這什麼都賣的歷史悠久書報攤，關於巴黎的什麼似乎都可買到。

在某次散步中，我們突然在報攤前瞥見一個似曾相識的影像，越看越覺得這隻綁著緞帶的獨眼貓眼熟極了。

「這分明就是我們家那隻流氓貓嘛！」維克多瞪大眼睛、得意地說。

接著我們發現今天的河邊書報攤貓味十分濃厚。下一個攤位賣著各式各樣的名牌，像是門牌號碼、巴黎獨特的街道名牌、還有一種在法國（尤其是外省）房屋前面常會看到關於動物的門牌，像是【Chien Méchant。內有惡犬】，如果是我台北的家門口，一定掛上【Chien Câlin。家有愛犬】。

面對這一堆令人眼花撩亂的動物門牌，常會跟貓老大吃醋的維克多突然眼睛一亮望著前方說：「嘿嘿，這幾塊我們都應該買下，尤其是【CHAT LUNATIQUE】脾氣古怪貓！」

這些牌子分別寫著：

【CHAT MECHANT】內有惡貓

【ATTENTION CHAT FEROCE】小心凶惡貓

【CHAT LUNATIQUE】脾氣古怪貓

【CHAT VORACE】貪婪貓

（引申為破壞力極大的貓）

你說書報攤賣的東西妙不妙呢？

貓老大遊花神咖啡館

　　自從有了貓老大後，我們到歐洲其他國旅行都不敢太久，最長三天的時間就得匆匆打道回府。這次在巴黎，因為一個美麗的網路緣分讓我認識了《絲慕巴黎》一書的作者Peggy，她非常喜愛貓咪，因此一口答應在我們旅行期間幫忙照顧貓老大。

　　那天晚上我們拎著貓老大還有幾天份的貓食與貓沙到花神咖啡館赴約。花神咖啡館果真是個浪漫的約會地點，而貓老大當晚也在那跟沙特還有西蒙波娃對話到午夜才返家。

　　越晚越熱鬧的花神咖啡館裡無奇不有，最常出現在這裡的動物應該是狗，巨大的、嬌小的、長毛的、短毛，當天我們

還遇見了由一位美國富豪先生牽著的獨眼狗，我想籠裡的貓老大看到他應該備感親切。

　　我們在露天咖啡座裡喝著熱呼呼的牛奶咖啡（café crème），聆聽著才剛剛跟我們聊天的女士清唱著法式香頌。女士站在我們前方的走道上歌唱，我們後方則是瀰漫著煙霧與咖啡香的人群，談笑聲此起彼落，狹小的空間讓大家坐得非常靠近，顧客們一個挨著一個，臉面向街頭肩並肩坐著，因為彼此實在太靠近了，很容易與鄰座的陌生人輕易聊起天來。

　　在法國路邊的長凳（banc publique）、公車、火車或是在咖啡館與餐館，常常因為這種太靠近地座位，讓我們跟身旁素昧平生的人聊起來，距離縮短了，人與人就更容易因這份靠近而互動了。如同法國人親吻打招呼的方式，小小的一個動作，卻大大地拉近彼此距離。

貓老大在 Peggy 位於卡納茲街上的舒適公寓

某次我們跟一位日本男同學正在咖啡館裡聊天,當我們正享受冬日裡難得的陽光時,無意間我瞥見隔壁有位帶著單眼相機的年輕男人,不小心我們四目相接,果然……幾分鐘後他帶著相機走過來,微笑對著我們但雙眼卻只盯著我說:「可以替「你們」(vous)拍張照嗎?」他說"vous",這個字在法文裡有兩個意思:你(您)們與您,但不管指的是什麼,他的舉動顯然引起我身邊兩位亞洲男士極大反感,沒有人想回答他,他們都臭著臉。我對喜歡攝影藝術的人一向有好感,所以我回

答：「Oui（可以）。」

他按下快門，不知道捕捉到什麼樣的影像？兩個臭臉的亞洲男人與一位笑臉的亞洲女人，或是，他只捕捉到他認為我最好看的樣子？！

旅行的奇妙之處在這，你永遠不知道下一次會碰到什麼樣的人？遇見什麼樣的事情？或是突然在旅行途中擁有了一隻貓？

接近午夜的花神咖啡館，人潮逐漸散去，我們打開貓籠讓貓老大到柔軟的沙發上透透氣，服務人員對於咖啡館裡突然出現一隻獨眼貓，也不覺驚奇。進入法國咖啡館、餐館或是在裡面服務的貓狗比比皆是，我們曾經碰過最高齡的酒館小貓是隻名叫菲士（Fils，法文是兒子）的十七歲貓咪，那天我們一群人鬧哄哄地邊暢飲著啤酒邊打著撞球，菲士就在撞球台旁打起瞌睡，我們笑得越大聲，他的打鼾聲就跟著越響亮。

從花神咖啡館回家後，屋裡空空的少了可愛的貓身影，竟讓我失眠了一整夜，我心裡一直掛念著貓老大，平常只要半夜起床喝水，他總以為有好點心可吃，睡眼惺忪地從他的小床上咚咚咚地小碎步奔向我。然而，今晚他不在身邊，我卻一直感覺到他的身影、聽到他的打呼聲。我想他應該已經從咖啡館回到Peggy位於卡納茲街上（rue des Canettes）舒適溫暖的家中，現在應該已經倒頭呼呼大睡……

沒有他，整個晚上我好像失了魂一樣，心裡有種哀愁的預感，就像離家到法國這段沒有狗寶貝在身邊的日子。我想跟心愛的獨眼貓或是狗寶貝分開的一分一秒，這哀愁的預感就會如排山倒海般猛烈地侵襲我……

隔天我帶著幾乎睜不開的雙眼，從巴黎搭火車到亞爾薩斯省的史特拉斯堡（Strasbourg），我們準備從這裡開車前往瑞士、德國與奧地利旅行。

然而我的心裡想的念的還是「該從這些美麗國家帶回什麼口味獨特的貓食孝敬貓老大呢？」

Les vétérinaires francais

Chapitre 12

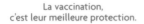

La vaccination,
c'est leur meilleure protection.

Ce carnet de santé
vous est offert
par votre vétérinaire

CLINIQUE VÉTÉRINAIRE
DU DOCTEUR GACHET
32, Rue Etienne Marcel
75002 PARIS
Tél 01 42.33.98.33

www.merial.com　www.aniwa.com

貓老大的疫苗紀錄手冊

全世界最固執的法國獸醫師

我得前往另一家郵局,因為剛剛的郵局一定對我這個手拿
試管血的亞洲女子印象極深刻!臨走前,獸醫小姐再次叮
嚀:「如果他們詢問包裹裡面裝什麼,妳切記要回答這是
機密文件喔!」

法國獸醫手冊

　　在法國養貓老大這一年，因為必須辦理他入境台灣的繁雜手續，我們歷經了大小檢查，從植入晶片、施打狂犬病疫苗、開立醫生證明與身體健康檢查、抽血並將血液寄送到世界衛生組織特約的實驗室作狂犬病中和抗體力價檢測（光看到這一長串名詞，就已經夠令人驚慌失措了！），尤其以最後這項檢查最折騰貓老大，我們上獸醫院的次數算起來頻繁，拜訪獸醫院足跡遍佈艾克斯、馬賽到巴黎，他的貓血還透過法國郵局秘密地寄到位於法國東北的南錫（Nancy）。

　　大體說來，巴黎以外的獸醫不僅親切而且總是一副樂天模樣，但唯一的共通點是：法國獸醫只相信自己，別人說的他都不信。

　　我已經明明白白、清清楚楚地表明台灣需要哪些檢疫文件才能讓貓老大入境，他們總是半信半疑，拿文件給他們看，說這是英文的，下次可否帶法文版來。

　　這樣往返獸醫院長達半年之久，累積了不少對付固執獸醫們的經驗。第一次看獸醫是為了治療貓老大拉肚子的毛病，當時從馬賽

帶他回家已經有一陣子了，但他一直有狂瀉不止的毛病，我們試著把他的食物從只能在獸醫院購買到的希爾思（Hill's）乾糧，換成一般超級市場賣的乾糧與各種口味的罐頭，甚至還強制性地減少他的食量，嘗試了各種辦法後，終於讓他停瀉了兩天，當我們正要替找到適當口味的貓食開瓶香檳慶祝時，他老兄又把累積兩天的食物一瀉而出……

　　只要他一拉，我們就得全副武裝：口罩、刷子、塑膠袋、報紙、芳香噴霧劑全部出動！不得已下午跟獸醫掛號後，帶著他再次出門！

　　為了看獸醫，我們兩個比他還緊張，趕快把圖書管裡借來有關於貓咪疾病的詞彙研讀一番，順便複習幾個必要的法文單字，像是：拉肚子（diarrhée）、流浪貓（chat errant）、跳蚤（puce）、狂犬病疫苗（vaccin antirabique）、晶片植入（implantation de la puce életronique），如果計畫將貓帶回台灣，後兩者必須在出發前半年做好。

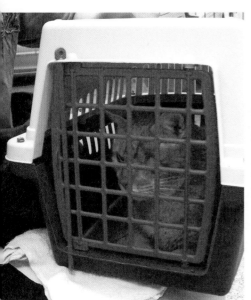

超級討厭看醫生的貓老大

147

短短的一天內，我們第二次到達位於車站附近的獸醫院，第一次是前來預約（Rendez-vous）。在法國Rendez-vous是非常重要的生活單字！凡事都得先Rendez-vous，從公家機關、銀行、學校註冊、醫院、電信局甚至跟朋友們見面，如果沒有Rendez-vous，似乎所有的事情都不能順利進行一樣⋯⋯

　　初抵達法國當時，一連串的Rendez-vous簡直讓我們不知所措，大多數的時間我們都在等待，明明一天能辦好的事，常得因為Rendez-vous的程序分割成一禮拜甚至是一個月才能完成。辦起事情來，可說是一天一件，欲速則不達。時間在這裡好像蒸發了，沒有人關心工作效率，大家關心的不外乎是：假期何時來到！

　　這家獸醫院的服務與設備既專業又貼心，診療室在密閉的房間裡，保留給動物看診時的私密性與安全感。開放空間的等候室則佈置地像小客廳一般，不僅有提供飼主們的柔軟沙發，還有貼心提供給寵物們的小板凳。

貓老大第一次看醫生的獸醫院

上一隻正在看病的貓　　　　　　　貓老大的滿口爛牙

　　沙發右邊的書架上擺著關於動物與人類的書報，左邊有個椅子造型的動物體重計，上方的白色牆壁掛滿認養動物與義工活動的小海報。

　　「我在馬賽撿到他，當時他已經沒有左眼了。請你幫他做個身體檢查，順便我也想知道他的年紀多大了？」只見醫生從頭到尾只摸了他三兩下，便抬頭笑著對我們說：「他是一隻健康的貓咪，跳蚤的問題打支除蚤針就沒事了，等一下我會開個止瀉藥給你，過了四至五天如果他繼續有腹瀉的問題，請再來一趟。」

　　就這樣？短短的十分鐘問診結束。法國獸醫連問診都這麼隨性輕鬆嗎？第一次養貓的我們，覺得這樣就結束看診令人有點不安，於是追問：「您可以幫他剪剪那長得像巫婆一樣的趾甲嗎？他耳朵上的黑色黴菌是否需要治療？需要幫他洗澡嗎？還有，您沒告訴我他幾歲？」

　　面對這一連串的問題，獸醫似乎更想快速打發我們，因為下一號病人──灰棕色大兔早已在門口等候。

　　「這幾分鐘的觀察，我認為卡布點是隻仍具有攻擊性的流浪貓，所以修剪趾甲我建議應該由主人們來做。至於耳朵上的黴菌會慢慢退去，不用太過擔心。還有啊，貓咪不用洗澡喲，他們是非常愛乾淨的動物。」最後他翻了翻貓老大的嘴唇，看了看他幾乎磨平的一口老牙，說他應該有八至九歲。

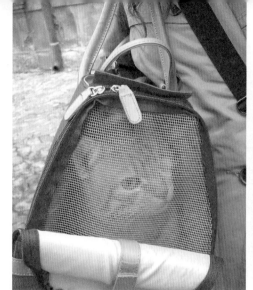

前往獸醫院途中的貓老大

　　既然醫師都這麼樂天，擔心貓咪身上的寄生蟲與傳染病等等這第一次養貓的神經緊張，全都在輕鬆中化為烏有！擁有貓老大這幾年，我都以如此樂天輕鬆的態度，讓他一直維持老大般地自在生活，愉快度過每一天，直到他離開我們的一個多月前，才不幸地在動物醫院裡檢驗出原來他一直帶原著許多致命的傳染疾病，而這些病毒應該跟著他好多年了。我想，他真是百毒不侵的貓老大，因為無時無刻他總是那麼鎮定自在。

　　在他病入膏肓的時候，我們轉院到了台大動物醫院，接觸貓老大的醫師們對他從法國空運來的病毒十分有興趣。因為台法兩地養貓的方式不大相同，在法國貓咪採放養的方式，家貓與街貓常常廝混在一起，也因此容易感染傳染疾病。但是法國養貓的態度仍舊忠於貓咪自然隨性的生活態度，讓貓咪們快樂度過每一天。

　　貓咪是非常敏感的動物，壓力對於他們來說是頭號殺手，不良的環境與互動可能讓他們感染病原或是讓體內的帶原病毒發病，因此，給貓咪們不管在身體或是心靈上一個良好的生活環境，我想是身為主人的我們最能輕易做到的，不要給予過多的人為壓力才是。

　　我們的第一位法國獸醫看診經驗，似乎也太過樂天，因為連最基本的傳染病檢驗我們都不知道是飼養流浪貓的必要檢查，日後幫

貓老大開立健康證明的巴黎獸醫，唯一做的檢查竟然也是「摸了摸貓老大」。不過該怎麼去衡量這種樂天養貓法呢？寵物與我們是互動的一體，若我們能以寬心自在的態度對待他們，那麼我相信他們也會以同樣的態度回應我們。作適當，不做過度的醫療與干涉，或許是最適當的方法。

　　另一次讓我們印象深刻的獸醫則在馬賽。有鑑於上次獸醫師草率的看診經驗，我們想有個法國人幫忙溝通應該比較無礙，於是安妮媽媽陪著我們前往獸醫院替貓老大植入晶片與施打狂犬病疫苗。

　　老醫師用「你好」問候我們兩位亞洲女子，原來他年輕的時候曾到中國實習，看他從貓籠裡粗暴地將貓老大抓出，我不禁一身哆嗦，貓老大也因此齜牙咧嘴地發出威嚇聲。只是這威嚇讓老獸醫變得更凶狠，一臉「你這隻畜生」的模樣斥責我的貓老大。

　　打完了疫苗也植入晶片後，我們又為了入境台灣的需求手續爭辯了起來。老獸醫堅決認為只要提供施打疫苗與植入晶片的證明文件即可，不需要抽血做狂犬病檢測值。但我堅持台灣方面要求一定得做狂犬病血清檢驗，他皺著眉頭，走出診療室，竟然也與院內的實習醫師、護士們爭辯了起來！年輕的實習醫師指出台灣的規定就與英國目前的動物入境規定相同，老醫師不信，又要看文件！

　　帶一隻法國貓回去台灣，顯然在這寧靜的小鄉下引起不少風波。這些問題一直持續到了我們搬往巴黎仍尚待解決，而且還讓貓老大在掉了眼睛之後，承受了另一場災難！

郵局寄貓血!?

　　這個災難發生在巴黎昂貴的獸醫院裡，我們向一對年輕的獸醫男女表明要做狂犬病中和抗體力價檢測（對於這可怕的名詞我們已經倒背如流），他們二話不說拿起電動剃刀，在貓老大面前按下開關。這當然惹得他緊張地發出兇猛的嘶嘶聲，此時獸醫馬上關起手上的電動剃刀，他告訴我必需把貓老大麻醉才有辦法抽血，我有點詫異，獸醫小姐解釋：「因為抽血量多，所以我們還是幫他麻醉後，比較安全，那請您到候診室等待。」我看著他們抱著貓老大一前一後走向我視線外的神秘地下室，我的貓老大，正喵喵大叫地頻頻回頭望著我求救⋯⋯「需不需要我跟著下去？」我問。
「不需用要，您的貓等一下就會睡得像小寶寶一樣！請您不用擔心，等一下抽完血後，您需要立即前往郵局寄快遞血液。」

　　去郵局寄血！還好我心裡有底。因為幾天前我先與位於南錫的世界衛生組織特約研究室聯絡，研究室的人員特別叮嚀我郵寄血液試管時需「非常當心」，必須防碎並確保血液在常溫下運送，最重要的是「血液需要及時寄出！」

　　對於這些叮嚀我謹記在心，當獸醫拿著剛出爐的貓血，我箭步如飛地前往郵局，喘口氣，拿出裝有鮮血的玻璃試管表明我要寄速件，服務小姐好像嚇了一跳的表情說：「喔啦啦！您怎麼會寄這種東西？」

Capitaine de Marseille

「這血液是剛剛從幾個街口遠的獸醫院哪裡得到的，也是他們要求我來寄的！請您盡快，我必須將我貓咪的珍貴血液及時並且安全地寄到南錫。喔…對了…請給我一個泡綿信封，然後用最快速的chro-nopost寄出！」我努力節省寄送貓血的一分一秒黃金時間。

「很抱歉！我們真的不能寄這種東西！」

跟她扯不清，我又飛奔回獸醫院。

「怎麼會呢？我們的客人都是這樣寄？您一定碰到一個非常糟糕的服務員！」獸醫小姐說的真好，但問題是我要馬上把手上這小小瓶但卻非常珍貴的鮮血寄出，它們可是讓我可憐的貓老大飽受麻醉之苦得來的！

獸醫先生也皺起眉頭，趕緊幫我拿個他說的特殊信封裝入試管與文件，他隨即叮嚀我：「你不可以讓他知道你寄的是血液喔！」

「Merde！」我在心裡忍不住咒罵。要我去郵局寄血的不是你們嗎？「為什麼不能讓郵局知道包裹裡有一支試管血？那他們怎麼知道要要非常非常小心地運送這個包裹呢？」

「嗯……因為郵局會質疑運送的試管血來源是否安全……只要我們包裝好，我想運送就不會有問題了！」

我搞不懂這法式邏輯！明明說要很小心地快遞試管血，又不能讓運送的人知道「現在我運送的是一支試管血，需要非常非常小心地對待這個包裹！」

沒有時間去爭辯，現在唯一要做的事就是在貓老大的血液還

153

是新鮮的時候，趕快把它寄出！既然獸醫先生小姐一再保證他們的客戶都是以這種方式順利寄到特約研究室，那我也沒有其他選擇了……我得前往另一家郵局，因為剛剛的郵局一定對我這個手拿著試管血的亞洲女子印象極深刻！臨走前，獸醫小姐再次叮嚀：「如果他們詢問包裹裡面裝什麼，妳切記要回答這是機密文件喔！」

我又飛奔尋找下一家黃色招牌的法國郵局，一邊擔心這機密文件是否能順利到達研究室，一邊擔心醫院裡已不年輕的貓老大是否承受得起麻醉的藥力？

到了傍晚，獸醫院來電通知我可以把貓老大接回家了，我飛快地前往醫院，出現在我眼前是在籠裡拼命轉圈的貓老大。我抱著搖晃不停的大貓籠，一路上心碎地聽著他的哀號聲。回到家中，他繼續在家裡搖搖晃晃地打著醉拳，我幾乎都在掉著眼淚，但這淚水有一半夾雜著歡樂，因為貓老大打醉拳的樣子可愛極了！維克多甚至建議：「以後或許可給他喝點紅酒，這樣看起來親近可人多了！」

幾天後我們先收到研究室的第一封信，信上說他們已經順利收到貓老大熱騰騰的鮮血了，四十五天內我們會收到檢測報告，在信末「請隨時注意您信箱！」之後，又是開始漫無盡頭的等待……

看著睡得香甜的貓老大，我想像著萬一沒有通過檢測值，我該怎麼割捨下他？四十五天的煎熬等待，該怎麼去承受……

沒想到才經過短短幾天，我們竟然收到研究室寄來的第二封信。我顫抖著打開一封猶如宣判我生死的信件。

貓老大的狂犬病中和抗體力價檢測值為0.5 IU/ml，剛剛好一點不差地驚險通過法定要求「達0.5 IU/ml以上。」

當天晚上我煮了香噴噴的紅酒燉牛肉與貓老大一起慶祝檢驗結果，為了「我們可以一起回台灣」舉杯慶祝！

AGENCE FRANCAISE DE SECURITE SANITAIRE DES ALIMENTS

AFSSA Nancy

Laboratoire d'études sur la rage et la
pathologie des animaux sauvages

Mlle SHU HUAN
12 rue Firmin Gillot

75015   PARIS
FRANCE

Nancy, le 27 janvier 2005

N. ref. : 37341

Mademoiselle

Nous avons bien reçu le 22/01/05 la prise de sang effectuée le 21/01/05 sur le chat   CAPITAINE
n° microchip   250269800808850
pour effectuer un titrage d'anticorps rabiques.

Le résultat du titrage d'anticorps en date du 27/01/05 est :   **0,50 UI/ml.**

(La norme minimale requise par les autorités vétérinaires est de 0,50 UI/ml).

Plan de diffusion : vétérinaire traitant

Le Responsable du Service Immunologie

M. WASNIEWSKI

REPUBLIQUE FRANCAISE
AGENCE FRANCAISE DE SECURITE SANITAIRE DES ALIMENTS
AFSSA Nancy : Domaine de Pixérécourt, BP 9, F-54220 Malzéville   Tél. : 03 8
E-Mail :biologie.lyssavirus@

貓老大的檢驗報告

Capitaine

繫於等到一家關顧的好日子怕大附設動物醫院提醒您，不要忘了您的寶貝比其...
行工作，詳情請洽您住所附近的動物醫院，或來電 (2733-5891)
每月一次　　　觀蚤預防（可使用 Defend®, Revolution®, Frontline®進行預防）
每年一次　　　狂犬病預防針，驅三歲五命一疫苗
　　　　　　　下次時間 Rabies 2006.6.17ies vaccine
　　　　　　　糞氣勞結石，必要驗洗尿
七歲以上　　　半年與一年做一次健康檢查（包括抽血）
　　　　　　　換用老貓飼料
其他　　　　　檢疫期間最低一週上食，本區
　　　　　　　如有複邊觀點的一週，注意其身體狀況
　　　　　　　請您住所附近尋找合適的家庭觀賢師，以備不時之需。
　　　　　　　請遵守防檢局之規定，半年內勿勿和其他動物接觸
傳染病檢查　　貓便寄生蟲(-), 其他陰性送檢中(Batonella, Clamydia, Rabies Ab titer, Toxoplasma)

成貓施程

資料來源：
行政院農業委員會動植物防疫檢疫局

　　出於法國屬於狂犬病疫區，台灣則屬非狂犬病疫區，因此自法國攜帶貓狗入境需要辦理（可怕又繁雜）的手續如下：

一、申請人應確認犬貓已植入晶片，且狂犬病預防注射符合下列規定：
　　1.初次免疫：於犬貓滿九十日齡以上施打第一劑狂犬病不活化疫苗，且施打時間距起運當日應滿一百八十天至一年以內。
　　2.補強免疫：應於起運前一年內實施。
二、犬貓於預定起運前至少一百八十天採取該犬貓血液樣本，送往世界動物衛生組織狂犬病參考實驗室或本局公告指定之實驗室檢測狂犬病中和抗體力價，且抗體力價須達0.5 IU/ml以上。
三、犬貓於預定起運三十天前，申請人檢附下列文件向本局新竹分局或高雄分局高雄機場檢疫站申請「進口同意文件」與隔離檢疫廄位：
　　1.申請書一份。
　　2.輸出國獸醫師簽發之狂犬病不活化疫苗注射證明書影本，須以中文、英文或中英文並列方式註明犬貓之品種、性別、年齡及晶片號碼、狂犬病預防注射日期及使用疫苗種類，並註明初次免疫或補強免疫。
　　3.狂犬病中和抗體力價檢測報告：輸出前一百八十天至兩年內所採取血液，經世界動物衛生組織狂犬病參考實驗室或指定之實驗室檢測，且抗體力價需達0.5 IU/ml以上。
　　4.申請人護照或身分證影本。
四、犬貓起運前，請向輸出國動物檢疫主管機關申辦「動物檢疫證明書」。
五、犬貓運抵港站時，申請人應檢附進口同意文件、輸出國政府動物檢疫機構簽發之動物檢疫證明書正本及航運公司提單（B/L）或海關申報單，向檢疫櫃檯申報檢疫，未檢附動物檢疫證明書正本者，該批犬貓予以退運或撲殺銷燬。
六、狂犬病疫區輸入之犬貓，經查驗該動物與輸出國政府動物檢疫機構簽發之動物檢疫證明書內容相符後，須送往指定隔離檢疫場所實施二十一天隔離檢疫。惟必要時得延長隔離期間，且得採血複檢犬貓之狂犬病抗體力價，其抗體檢測值未達0.5 IU/ml以上者，應補發注射狂犬病疫苗一劑。
　　動物檢疫證明書內容不符合規定者，犬貓將遭退運、撲殺銷燬或延長隔離檢疫一百八十天，請畜主特別注意。（撲殺這兩個字真是可怕……）

飛行前準備

資料來源：台大檢疫所 http://homepage.ntu.edu.tw/~quarantine/

一、血液及其他檢查（Blood Test）

基本項目：CBC（血球計數）、ALT（肝指數）、BUN（尿毒）、Crea（腎指數）、TP（總蛋白）、Alb（白蛋白）、Glucose（血糖）

◎心電圖：若有檢出異常，可配合心臟超音波檢查。

建議對象：經常咳嗽或喘氣、曾經感染心絲蟲、七歲以上與幼犬。

◎胸腹X光

建議對象：經常咳嗽或喘氣、曾經感染心絲蟲、飼主有抽煙習慣、動物有乳房腫瘤或其他腫瘤病史。

二、鎮靜劑 （Tranquilizer）

您的動物是否適合使用鎮靜劑，請由您的獸醫師依動物的情況決定。

長途旅行，對不了解情況的動物是很可怕的。在獸醫的教科書中稱之為運輸緊迫（shipping stress），其中探討著各種因為運輸造成的併發症或是預防的方法，是相當被重視的一課。以下是我們強烈建議動物鎮靜後登機的原因：

1. 機上的噪音和氣壓與平日不同，易緊張的動物可能過度害怕甚至休克。

2. 有潛在疾病的動物，在受到運輸的緊迫之後，數天後可能會在隔離區中發病

3. 減少進食及排泄，避免動物浸泡在尿中造成皮膚的問題。

4. 減少因緊張而發生自殘。

5. 減少因緊張而過度喘氣造成缺水。

短程運送，且具以下特質的動物，不需要鎮靜：

1. 在新環境或飼主不在時，表現仍然相當自在，

2. 在籠中不易激動，且慣於旅行。

三、剃毛、晶片、防蚤、預防針

四、運輸籠（shipping cage）

1. 先問航空公司規定的運輸籠形式。

2. 洽寵物店或獸醫師購買，大小至少要讓動物站立及轉身。

C'est la vie

Chapitre 13

這就是人生啊！

「我們都會流淚，都有愛與情感，這樣的體悟告訴我，你、我、蒂納以及球球，其實都互相緊密連繫著，我們都是這遼闊世界的一部份，而這遼闊的世界並不是一個沒有生氣或冷酷的地方，而是一個充滿苦痛、安慰、療癒、熱情和希望的世界。」

——《我的靈魂遇見動物》（The Souls of Animals）
蓋瑞科瓦斯奇（Gary Kowalski）著

　　回到台灣後，貓老大不僅適應良好，更是完完全全轉變成溫馴的家貓。以人的年齡來算，貓老大應該跟維克多的爸媽相差不遠，或許因為這份同輩的親切，兩位爸媽照顧起貓老大來，特別惺惺相惜。

　　某次我們回家一開門，看到家裡三寶排排坐在客廳裡，眼神一齊默契地望向剛進門的我們，這迎面投遞的溫暖，讓我替貓老大感到幸福不已。

　　在法國一個月能聽到他打一次呼嚕聲，我們幾乎都要開香檳慶祝了，然而在居住台灣這將近一年的日子裡，他幾乎每天都會打著呼嚕，顯然地在他頑強不羈的流浪心裡，早已讓我們的愛進駐。流浪了這麼多年，貓老大終於有了一個溫暖的大家庭，對於遲來的幸福，他十分珍惜也充分享受，他是隻幸福的貓，而這些幸福是乖巧懂事的他應該得到的。

　　而他的幸福，連在法國的安妮媽媽與貝蒂太太都在我們耶誕前夕寄給他們的照片裡感染到了。安妮媽媽說貓老大走後，似乎也把小聖約翰街的貓咪們帶走一樣，店裡少有貓咪走動，她希望所有流浪街頭的貓咪們都像貓老大一樣，找到幸福的歸屬。

貝蒂太太寄來了一張紅色卡片。我欣喜若狂把它擺在貓老大面前，告訴他：「馬賽稍來的祝福，你聞到了嗎？」

　　卡片上印了兩隻我最愛的小甜心，貼心的貝蒂太太知道我在台灣的家已經有了一隻十五歲的狗寶貝。在卡片裡夾了張她的照片，還有一張手寫小紙條。這……又是顫抖與跳動的手寫小

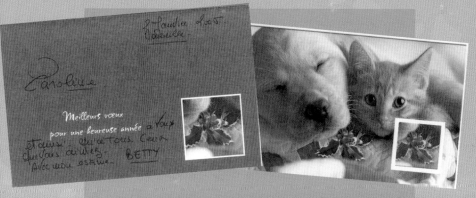

Bonjour，親愛的卡洛琳：

　　謝謝你的來信與照片，我已經在二○○五年十二月三十日收到，那張妳抱著卡布點的照片，　真是太棒了！我把它放進相框裡了。

　　從妳在街頭收養他到帶著他回到台灣，就像童話般地奇遇！妳是位非常特別的女孩，擁有人類的熱情。很少像妳這樣年紀的人，肯替一隻勇敢的貓付諸這些行動。請特別照顧這個歷經痛苦的小可憐。

　　就這樣吧，卡洛琳，獻上我對妳最誠心的祝福，希望妳在二○○六年心想事成，生活裡事事順心。至於我，一切都安好，這個冬天非常地冷，妳那邊呢？如果妳願意的話，妳可以多寫寫信告訴我妳的近況。

　　給卡洛琳我最真誠的祝福，給卡布點溫柔地撫摸。

　　最後，謝謝妳帶來的這一切。

　　貝蒂

161

字條！我得找個燈光充足而且寧靜的空間，好定下心來用力地閱讀，才能進入貝蒂太太的這些充滿情感的文字迷宮裡。

相較於貓老大對台灣生活的適應良好，我們這兩位返鄉遊子卻還停滯在旅行結束的失落中。南恩・瓦特金絲（Nan Watkins）在她的著作《旅向曙光》一書中提到：「在歐洲當學生，彷彿在渡一輩子的蜜月。」回來台灣這段時間，我跟維克多一直努力地想從這兩年沉靜甜美的歐洲旅行生活中甦醒，這是人生中一段極為艱難的調整時期，我想就如同新生兒離開母體大聲痛哭的時刻，痛苦中參雜著些莫名的喜悅。

從冬天到了夏天，我們的低落心情終於在尋覓到一個像極了以往住過的法國小窩時，好不容易振奮了起來。上一位房客是位塞納加爾裔的法國人，巧的是他也叫阿倫（Alain），我們一見面就聊得非常開心，他對我們兩人一貓的跨國旅行感到奇妙，更想在異鄉與到台灣定居的貓老大會面。

阿倫大膽地把屋內的慘白牆壁換成了翠綠、鮮黃與咖啡三種色調，此舉讓整個家充滿著綠地、陽光與泥土的大自然色彩，我

們第一眼就愛上了小窩透露出的鮮明法國風味。在短短一個禮拜的整理佈置後，就在我們開心地地準備把貓老大接來小窩居住之際，維克多的爸爸發現他生病了。

接下來我們的生活就在「在往返獸醫院」與「尋找貓老大嚥得下的食物」中兵荒馬亂地渡過。貓咪什麼都好，就是不吃不喝這個硬脾氣，尤其在他們生病的時候，很折磨人。安妮媽媽請台灣友人從法國火速幫貓老大限時空運貓食罐頭到台灣，希望家鄉的食物能讓他恢復食慾。

但是不久後我們就開始獸醫師們要求的針管餵食，這是件令貓老大與我們非常痛苦的事，把他愛吃的食物打成泥狀，再一管一管強迫地送進他口裡，我總是一邊餵他，一邊掉淚。

他的食慾依然沒有好轉，而同時間我們也在換了第三家獸醫院後，終於找出了病因，他罹患了貓白血病跟貓愛滋這兩大致命的絕症。當獸醫先生帶著興奮的語氣宣告：三點全中！也就是檢驗試劑裡出現三條深藍色線條，這代表什麼？原來我一直健康、

百害不侵的貓老大，他一直帶著這麼多的病毒！

不過，我們都沒被這些可怕的疾病名稱還有醫師的興奮語氣嚇倒，因為，鎮定自若的貓老大一直坦然地面對自己的病痛。

從知道檢驗結果那一刻起，貓老大與我們的身上開始擺脫不了濃濃的酒精藥味。到了後來，為了減輕他往返獸醫院所承受的壓力與痛苦，我們在台大蘇碧伶醫師的建議下，開始在家裡幫他每天施打兩次皮下點滴、兩天打一針紅血球生成素，餵他吃維生素、止瀉藥與抗生素。漸漸地我們法式小窩的浪漫氣息完全被令人不悅的藥水味與我們的陰鬱氣氛蓋過。

貓老大生病的這段日子是我們相戀八年多以來，生活中的最低潮。我變得十分敏感慌張，動不動就為了貓老大的病痛擔憂、情緒化，以往待他的樂觀態度全然消失，似乎連我自己都頓失了生活的平衡。

然而我身邊這兩位體貼的男士，一直努力用心地幫助我度過生命中的低潮，他們的溫柔與貼心，無疑是陪伴我走過煎熬的強大能量。即使到了分離的時刻，他們兩位仍然讓我感到窩心。當

時維克多緊緊地擁著我，貓老大深情地對我打著呼嚕，儘管我想耍賴，不願接受這些事實，儘管我的胸口劇烈地疼痛，儘管我泉湧的淚水無法終止，但我相信，這些愛，會引領著我，對一切漸漸釋懷。

我們的旅行人生還會繼續，一路上繼續享受真愛帶來的喜悅與悲傷，等到旅行結束的那一天，我們都會在天堂相見。

隔著六個時差遠的安妮媽媽常常掛念著貓老大，尤其當她得知貓老大不吃不喝的消息時，激動地請正要飛回法國的蜜雪將貓一起帶回。安妮的直覺是：「貓老大想家了，帶他帶回來吧……」聽到這句話，我的淚水又不聽使喚地撲簌簌掉著……我知道電話那頭的安妮也正掉著眼淚，我們都希望貓老大加油，度過難關。

貓老大生病當時，我們看過許多家動物醫院，養狗養了一輩子，從未在台灣看過如此多的動物醫院，從我們最信賴的醫師開始，繞了一大圈最後終於在網友的推薦下到了台大動物醫院。

因為跟蘇醫師的溝通與互動良好，我們也在她的解釋下對貓老大的病情與治療方法更了解，不像先前的動物診所，醫師唯

一在匆促中的交代便是漫無終止地天天往返診所打針打點滴，每天醒來，悲傷都像無情的針頭，刺進他的身體，也痛入我們的心裡，這讓我們跟貓老大的心靈都承受著巨大無比的壓力。

皮飾店裡的同事葛拉莉絲對我們十分擔憂，她稍來了一封簡短的訊息。

> J'ai Beaucoup De Peine Pour Capitaine Mais C'est La Vie Je Pense Que Vous Faites Tout Pour Qu'il Soit Heureux Et Il Faut L'aider Du Mieux Que Vous Pouvez Qu'est Ce Que Le Dernier Veterinaire A Dit, Pourquoi Il Ne Mange Plus ? C'est Possible Qu'il Est Un Peu De Nostalgie Mais Je Pense Aussi Que C'est Tout Simplement La Vieillesse
>
> Le Pauvre J'espere Qu'il Ne Souffre Pas Trop . En Tout Cas Nous Pensons Tres Fort A Vous 3 Car C'est Dur De Voir Souffrir Un Animal Que L'on Aime. Mais Je Pense Qu'il Ne Faudra Pas Continuer A Le Laisser Vivre Avec La Souffrance Si On Ne Peut Pas Le Soigner.

「我對卡布點的病感到十分心疼，但這就是人生啊！我想你們已經盡了最大的努力，會竭盡所能幫助他好轉。

新的動物醫師怎麼說呢？為什麼他不再進食了？或許是因為一些些鄉愁造成的，但我想最主要的原因是他的年歲已長。

總之，我們都很想念你們三個。可憐的卡布點……我希望他不要承受太多痛苦，看著我們心愛的動物受苦，實在令人痛心。

萬一我們無法再醫治他時，我認為千萬不要讓他繼續如此承受痛苦地活著⋯⋯」

葛拉莉絲非常了解我們目前的處境，在她的信末提出了最中肯的建議。誰都不想看著他心愛的人或是動物負荷著巨大的病痛，然而東西兩方對死亡的觀念相差甚遠，在西方世界的送別儀式中，死亡大多是愉悅超脫，親朋好友們相聚，舉辦一場有歡笑有淚水的追思聚會。

我們窒礙於中，遲遲不敢作出決定⋯⋯總相信每一天，貓老大都在康復與好轉。

十八歲那年，父親罹患了癌症，這是我首次與死亡直接接觸，我痛恨它，因為他奪走了我摯愛的父親，無論我了做什麼，都無法將悲傷終結。幾年以後，最寵愛的奶奶在一場車禍中離去，跟死亡接觸的第二次，它毫無預警地說來就來。於是我開始懂了，人生的無常，是我無法去控制也無法去爭辯更無法去逃避的。唯有寬心地接受生老病死的萬物循環，珍視生命中的每一天，我們方能活得知足愉快。

面對我摯愛的貓老大即將離去，再一次，我重新審視了永別的定義。而他真的帶給我有生以來最大的勇氣，去主導這個永別，儘管，某些時刻，我仍然不相信我辦得到這件事⋯⋯

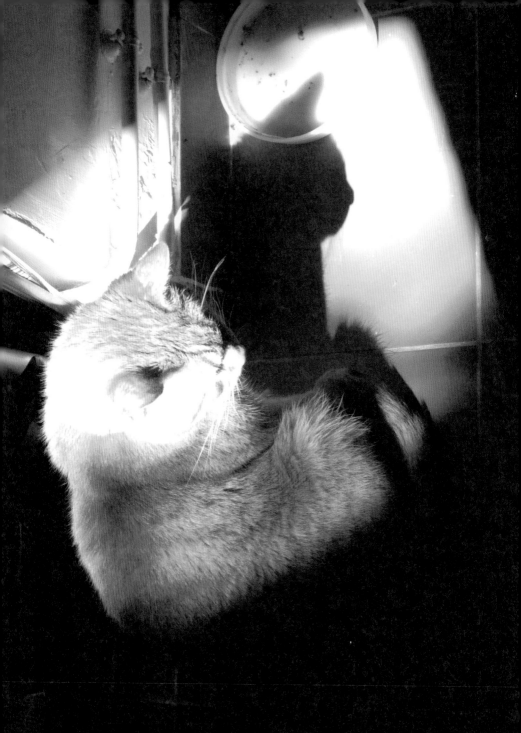

光透進來

一道劃在寂靜中帶著新生、蛻變、希望、思念與感激的光。現在我需要這道光。

胸口很疼，不捨的淚水侵襲著，生命的再次離別尚未到來，驚悚中的等待，我害怕再次面對死亡，好怕。因為我知道它是什麼樣子，它是一道道劃在胸口永遠無法癒合的傷口，輕輕地悠長地抽痛著。你無法叫它不痛，因為你心中一直有愛。要愛，便要承受，這道理我懂，也無法抗拒。

謝謝你們愛我，撫慰著我胸口的疼痛，我感受得到這光，我會讓它透進來，我們一起來面對生命，即使有天要說再見，你溫柔的獨眼告訴我：「它可以既美麗又平靜。」

今早窗外透下來的天光，伴隨著你的溫柔親吻，與你的貼心眼神，謝謝你們帶給我的光。我會珍惜，我不哭，我會讓更多的光透進來。

————給我溫柔的男人與我貼心的貓老大

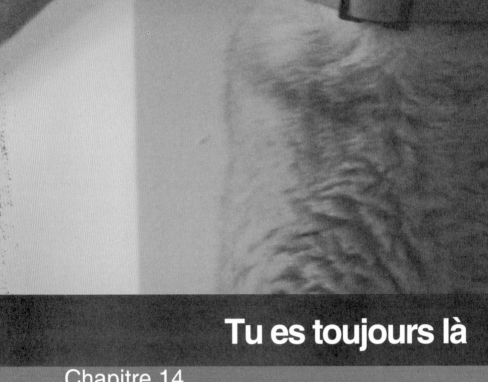

Tu es toujours là

Chapitre 14

捨不得説再見

我覺得我們很幸運能夠共同擁有那段完全出之於偶然，
由時光縫隙產生的空間。真是很好。
正因為已經結束了才顯出它的價值，
也正因為不斷地往前變遷才感到人生的悠長……。

《哀愁的預感》，吉本芭娜娜（Yoshimoto Banana）著

記得在戴高樂機場，我們辦理登機手續的時候，後方有一對和藹的法國夫妻和我們聊了起來。

「好可愛的貓啊！」一開始法國人總是客套禮貌。

「你帶著貓咪一起長途旅行？」接著太太就驚訝地切入主題，有點質詢的意味。

「對呀，我要帶著他一起回到我的國家。」我摸了摸籠裡的貓老大說。

「我家裡也養了幾隻可愛的貓咪，每當我們去泰國的時候，就把

他們寄宿在動物旅館裡，常常為了捨不得離開他們，久久才到泰國探望在那邊工作的兒子。」在一旁一直盯著貓老大看的先生說話了。

此時，太太瞥見我眼框裡打轉的眼淚，趕緊接著說：「妳這麼做是對的，動物最害怕被主人遺棄，其實他們小小的心靈最敏感也最脆弱。」

我想最敏感與脆弱的人是我，因為我根本無法承受與任何一個心愛的貓狗寶貝或是家人們分離。

173

看著貓老大被放上行李推車，跟著堆疊成山的行李漸漸消失在偌大的機場大廳，又想待會他必須自己孤零零地乘坐在機尾貨艙中，雖然航空公司跟我一再保證機艙動物都會有人員定時看管照顧，而且機尾貨倉跟座艙是同溫，不會太過寒冷，但我仍顧不得機場裡有滿坑滿谷的人，瞬間已經淚流滿面水，我想在籠裡的貓老大一定又會不喜歡我的眼淚：「妳這愛哭鬼，我不過是離開妳一下下。」

法國太太心疼我的淚水，拍拍我的背安慰著：「沒關係，一下飛機你就會再看到他呀。」

送他去天堂的那一夜，我們搭乘著計程車往獸醫院前進，一路上我們緊緊抱著打著呼嚕的他，他的身體非常不舒服，不斷地抽動，呼吸急促，體溫逐漸降低，可是他還是用盡他的能量打著呼嚕，回應著我們的每一個溫柔愛撫。

我們無法眼睜睜看著他如此承受著痛苦，再三與信賴的醫師溝通後，我們做了人生中最艱難的決定。從家裡出發到獸醫院的路途中，我多麼希望時間可以永恆地停在這，我的貓老大，還是如此的沉穩懂事，每一分每一秒他都在打著呼嚕，似乎想把我們這兩年內的愛一次訴盡。

維克多抱著他走進獸醫院裡，我站在門口，心瞬間被撕地破碎，感覺有幾千幾萬隻利刃，一齊無情地深深地刺進我的心裡。但是我告訴自己必須往前踏出這一步，為了我心愛的寶貝，因為很愛他，我必須勇敢成全他的自由。

在即將與他告別之際，我深情溫柔地望著他，要他別怕，因為他即將自由了，很快地他可以遠離病痛，我在他耳邊輕喚著：「Bon Voyage, mon Capi bébé……」「一路順風，我的卡布寶貝……」

「放心去吧！我愛流浪的小旅人，我的心會依隨著你悠遊四方的步伐，不論何方何時，我都能感覺到你，看得見你最清亮的獨眼。」

猶如站在戴高樂機場裡對他說Bon Voyage那一個分離的剎那，我永遠永遠捨不得跟他說再見……

我們送貓老大火葬的那一天，書桌上的日曆出現普羅旺斯裡一望無際的太陽花田，照片裡的天空雲彩，像一朵朵熱情綻放的花朵，出門前，看著這張照片，我擦了擦眼淚，我知道貼心的貓老大已經在日曆上預定今天將是個充滿陽光的日子，他從普羅旺

斯帶來我從小到大最喜愛的太陽花，送給我，希望我在沒有他的第一個早晨，有著陽光與重新綻放的心情。

他是一隻好貓，替貓老大主持火葬儀式的住持先生這麼告訴我們，他說：「卡布點會一直庇護我們，保佑我們，我們應該為他永恆的自由感到欣慰，未來，我們都會在天堂相見。」

雖然今天他的肉身已經離開了我們，然而我們一家人都不曾感覺他的離去，我們永遠懷念他。阿公阿媽想的念的都是他的好，而我們思念他的心更是隨著時間的流逝有增無減。

記得帶著貓老大離開他生活了將近十年的小聖皮耶街，那是個天氣極好的傍晚，天空裡揮灑著一抹抹橘紅色的彩霞，我們順著噴泉向左，爬上斜坡一步步往聖夏爾車站前進。車水馬龍的馬賽街頭飄散著屬於這裡的各種味道，從街頭小販濃濃的炒栗子香味，飄向幾個街口遠阿拉伯**pizza**店裡的窯烤，不斷竄出的陣陣餅皮香味，鑽進下一家希臘快餐店的**kebab**裡，再一下子散發成雜貨舖外的清淡水果香。

離開的那天，我們一起深深呼吸了好幾口這些屬於馬賽的味道，因為我們知道告別馬賽後，這些味道將逐漸轉換成記憶，從此長存於心中。我們保留了貓老大的骨灰，允諾未來再帶著他回到馬賽，讓他重回故鄉的懷抱，再度擁有記憶裡這些永恆味道，屬於我們共同擁有的馬賽味道。

Chère Annie,

Ça va ? 願妳與家人一切都好。

寫這封信的原因是我一直無法親自打電話告訴你關於Capitaine離開的事，我怕我一說，淚水就無法停止。

九月二十一日晚上九點十五分我們送Capitaine到天堂去了，我告訴他一切的病痛都過去了，願他自由自在地行走，回馬賽去看看他的故鄉，看看你們，但也別忘了隨時與我們同在。

我們全家人都會思念他的貼心懂事，他的可愛模樣與他的勇敢堅強，他是上天賜與我們的珍貴禮物，感謝天感謝Annie讓我們與他相遇。
最後祝福妳與家人健康幸福。

Mes Chers Amis, Clarise et Jean-Pierre,

Ça va ? Vous me manque. J'éspère que vous et votre famille tout va bien.

J'écris cette lettre pour vous faire part que mon petit prince Capitaine est parti au paradis à 21:15 le 21 septembre 2006.

Il est le plus gentille, sage, intelligent chat du monde. Son âme toujours reste avec nous. Je voudrais dire que c'est vraiment le plus merveillous et heureux temps quand on s'est recontré chez Maroquinerie JIN.

Je vous embrasse.

Caroilne

Tout ce que Capitaine
nous donnait

Chapitre 15

貓老大教我的貓式享樂

「牠代表著我一直想要成為的自由精神：不受規範、固執不變、毫不屈服、政治不正確，但我沒有那樣的勇氣，因為他無法控制的活力讓我有種補償性的滿足感。不管生活變得多複雜，牠總是提醒我生命裡簡單的快樂。」

《馬利與我》，約翰‧葛羅根(John Grogan)著。

貓式享樂，從陽光開始

我記得那是一個風和日麗的聖誕早晨，貓老大帶著我貪婪地享受了一個充滿陽光的閱讀。彷彿我們仍待在普羅旺斯一樣的情境：靜謐的午後，湛藍的天空，刺眼的陽光灑落手中的書本，黃色窗櫺邊正瞇著他的單眼享受著光線與熱度的獨眼貓。

真不愧是隻隨時隨地都懂得享樂的法國貓！

那晚他因為我們這五天來的分離，整整賴在我身上呼嚕撒嬌許久不願離開，我不忍心也不好意思做任何大動作的移動，好讓他徹底享受與我貼近的溫度。

他突然瞥見一道道灑下陽台的耀眼陽光，此時他以靈敏的速度，直奔門外，馬上拋棄了我溫暖的大腿。好吧，這次換我賴著他，拿起書本，好好地靜靜地跟他一起享受難得的聖誕陽光，繼續跟著村上春樹到達了春天的希臘 — 帕勒拉斯（Pa-tras）。

偶爾房間裡流洩出Patrick　Fiori渾厚的法文歌聲，幾次他深情高亢的歌聲，引來貓老大豎起耳朵，隨著飛揚樂音，陶醉地打著節拍。

　　在法國那幾個嚴寒不見陽光的冬日裡，我總在心中想像著台灣夏日的艷陽，渴望再度擁抱它，當時一心想著：回到台灣後，一定不會再撐著傘或是用長袖衣物來遮蔽陽光對身體的熱愛。

　　陽光之於我，有了新的定義。沒想到就在這個意外的聖誕早晨，貓老大帶著我，深切、認真、投入地享受這一直想找機會好好重新認識的寶島陽光。

　　從陽光開始，每天每天，我都在他那套獨特的老大享樂生活與貓式伸懶腰、大口痛快打哈欠、迎著陽光瞇眼曝曬、軟骨瑜珈貓功、床上翻滾扭轉、找個好位置靜靜發呆、毫不掩飾地表露喜怒哀樂……任何一個小動作中，找靈感找方法，找一個更貼近快樂泉源的樂活方式。

流浪的人生，是幸福的

曾是流浪貓的貓老大很喜歡散步，每次散步時他總會跟隨著我們不會隨便跑遠，面對戶外突來的吵雜聲，他從不會驚慌。他最喜歡躺在草地上，瞇起他的獨眼在微風中享受起來。

他與生俱來的SDF（Sans Domicile Fixe 無固定居所）的流浪態度，使得他不管到了哪裡，生活起來一樣寬心自在，他跟流浪到撒哈拉沙漠的三毛一樣，懂得流浪的樂趣！我學習也感染他的流浪情懷，並且期望帶著這種生活態度，從法國回到擁擠的台北。這股流浪情懷，陪伴著我一直到突然失去貓老大時，我的生活頓時失去信念。

或許是他要我把生命歸零，調整好再去體驗另一階段的人生。說也奇怪，在這段期間我彷彿在自己的人生路上轉了彎，我發現自己得到另一種啟發，找到另一種更舒服的生活態度。或許說它更貼近我眼中法國流浪漢們的生活態度。

自得其樂的法國遊民

　　在旅行過大大小小法國城鎮，所感受到每一省的流浪漢風格大不相同。外省的流浪漢多為養狗養貓的龐克族，是很有型的龐克族喔，除了梳得高高的龐克頭外，煙燻妝、搽著黑色指甲油、耳朵打洞、鼻嘴穿環、鐵鏈手環腰帶、一身黑色皮衣勁裝還有一雙尖頭酷靴。連他們的狗兒也都帶著龐克項圈，人狗同一套裝扮，好不拉風。

　　通常他們都喝得爛醉，大聲喧嘩吵鬧，常站在超級市場與商家前伸手跟路人要菸、要錢。剛在街頭遇見他們的時候，意外大於驚嚇，因為在這麼溫和的古老小城裡，竟會出現這類人種！而當地的居民看到他們好像比看到我們這幾個黃皮膚黑頭髮的亞洲人還更理所當然！當時這不讓我難受，讓我心疼的是他們身邊被當成乞討工具的狗狗們，或許是太多心，流浪漢們也需要生活的伴侶分享喜怒哀樂，尤其在冬天經常零度以下的低溫裡，他們可以互相擁抱著取暖。

　　巴黎的流浪漢則多樣，但相同的是他們一顆顆悠閒享樂的心靈。我想就是豁出去了那種毫無負擔

的心情，反正人生已經走到了這個地步，敞開心度日最重要。
所以夏天在杜樂麗花園（Jardin des Tuileries）綠樹下的長凳
上，我看過一個個躺平正享受大自然清靜的流浪漢；在冬日颳
著風的塞納河畔，我目睹一位幽默的流浪漢用大型的透明塑膠
套包裹著全身，然後為這密不透風的溫暖，樂得唱起歌來；在
初春的馬塞爾街（Rue Etienne Marcel）上，驚見一位流浪漢
正在騎樓下煮著香噴噴的咖哩鍋！

　　回想起剛離家的那段日子，賦予自己拿學位的使命高於一

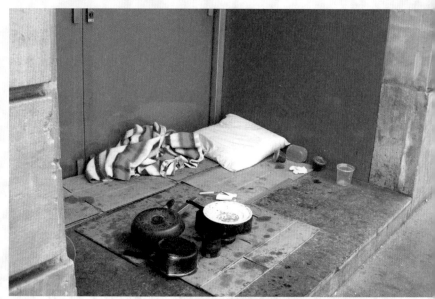

香味四溢的露天咖哩鍋

切，因為我們背負著家人的期許，但遊走了半個地球後，似乎越走越貼近生命原處，我們帶著旅行者的熱情與好奇，邊走邊體會另一種人生。一切彷彿從頭來過，舉凡在法國吃的穿的用的住的，所有一切新鮮與前所有，我們用全新的態度看眼前嶄新的世界，以雙腳代替摩托車，快步走緩慢走，沒想到走路這麼令人愉悅；以爛得可以的廚藝代替外食的習慣，沒想到漸漸玩耍出一道道美食，我們愛上替自己準備一道菜餚的用心；我們更愛上了在流浪中重新發掘的對方，重新尋得更舒服自在的愛情。

　　能流浪的人生，是隨心所欲是毫無牽掛的，渴望遊走他方拋開束縛的心願，一旦實現了，人生像點亮了什麼似的，既美好又難忘。

聚焦看人生

　　每次望著貓老大縫合的眼窩，總不免想像他失去眼睛那段驚悚的過去。然而看久了，卻覺得獨眼貓的模樣才是最順眼不過的。

　　其實獨眼並不可怕，可怕的是一雙盲目之眼。獨眼的貓老大是上天賜與我獨一無二的禮物，當他還是雙眼的時候，我們從未謀面，卻在他才丟了一隻眼睛時，我們相遇了。跟他相處這幾年歲月，我體會到獨眼讓他更聚焦地看世界，看得更專注；聚焦地體會人生，體驗地更透澈。我常自許內心深處也有顆專心與用心體驗人生之眼。

　　貓老大不只是我生活中的最佳夥伴，更是我的心靈嚮導，我從未以母親對小孩的態度來待他，相反的他是一位引導我體會生活的長者；一位我羨慕擁有自由精神的勇敢旅人。

　　他不受牽絆、勇敢無懼、隨時享樂、浪漫自在又固執頑強。

　　從法國到台灣，在變化不斷的生活中，他總是提醒我要懂得享受與珍惜有限的生命，這人生啊，因為有限，更顯得珍貴。雖然他的離去又讓我再次體觸到生命的脆弱與人生的悲慟，但這些，更一再提醒著我：去珍視每分每秒都在流逝的生命，去擁抱生命裡的簡單快樂。

　　聚焦地看人生、放開心地體會生活，今後我會一直延續卡布點教我自在過日子的老大性格。我更邀請大家跟著貓老大一起這麼做！

Caramel & Felix ， 我們的兩位新夥伴

以認養代替買賣

　　以認養代替買賣，一直是我認為我們人族對流浪生命的舉手之勞，「其實就多一口水、一口飯，也就多一條活路。」我們家跟第一隻流浪狗小白的緣分就從這句話開始。

　　怎麼樣闖入美妙的動物世界?我想很多人跟我一樣，兒時某天放學的下午，不小心在街角撞見一隻小可憐，玩耍中，幾分鐘的眼神交會後，擔心起他在街頭挨餓受凍、沒有父母照顧的生活。鼓起勇氣，把牠放進上學用的橘色小圓帽裡，硬著頭皮先帶回家再說。

　　從此之後，我們的生命裡多了另一顆跳動的心。很幸福地，從小到大身邊都有狗兒們的陪伴。生命中的「甜心一號小白」，是誕生在梨山的黑白犬，在父親嚴厲地訓練下，他更具有靈犬萊西冰雪聰明又忠心耿耿的特質。「甜心二號小白」，出生在街頭不久便被我們收養，可是流浪的傷痕卻深深地烙印在他身上，貧血、寄生蟲、營養不良、皮膚病，不過這些都在我們一起努力下克服了!「甜心三號狗寶貝」，懂的討好人的他，在家後巷生活了幾個月並由鄰居們一起餵養。大家都喚他「狗狗」。某年母親生日，鳳心大悅，邀他進門一起享用生日蛋糕，可能是母難日的啟發，母親當時有感而發地說：「其實就多一口水、一口飯，也就多一條活路。」當晚他便進駐家裡。

　　剛收養他的時候，他正因流浪街頭感染的腸胃炎差點丟掉性命。好勇敢的他，克服過無數的病痛，十四年多的光陰飛逝，目前仍健康快樂地陪伴著我們，因為他，我們更微笑地擁抱每一天。

　　「多一口水、一口飯，也就多一條活路。」這樣的想法從此烙印在心上。遠渡重洋到法國後，我遇見了生命裡的第一隻貓，會接受流浪貓老大的最主要原因，便在母親提出的這個念頭上。

　　回到台灣後，就在貓老大病重之際，我無意間從網路上接觸許多貓友們的部落格，他們在部落格裡紀錄並且分享貓咪的喜怒哀樂，更重要的是透過這些文章，我得到許多照顧貓老大的信心、鼓勵與方法，也因此更堅強。

　　漸漸地，我開始注意到這群在流浪動物背後默默付出的志工們。他們從餵養流浪動物、收養年幼的小貓小狗、對情況危及的小動物們伸出援手，這股強大溫暖的關懷，如一股暖流，潺潺不歇地流動在冷漠生活間。最後，我也在暖流經過的的其中一個據點——台灣認養地圖裡，找到了下一個幸福的開始。

　　迎接新生命的感覺，甜美又動人，這兩隻可愛的小小貓老大，無疑地是悲傷過境後最美好禮物。在這裡要謝謝撿到兩隻小搗蛋貓的林阿姨一家人與小桃，從他們雙眼未開的時候細心地照顧他們到兩個多月大，這兩隻從街頭撿回來的小生命，我們一樣會盡所能地愛護他們。

NW 新視野 056

馬賽貓老大
Capitaine de Marseille

作　　者：黃淑冠
美術設計：林大鈞
總 編 輯：林秀禎
編　　輯：蘇芳毓
出 版 者：英屬維京群島商高寶國際有限公司台灣分公司
　　　　　Global Group Holdings, Ltd.
地　　址：台北市內湖區洲子街88號3樓
網　　址：gobooks.com.tw
E-mail ：readers@gobooks.com.tw＜讀者服務部＞
　　　　　pr@gobooks.com.tw＜公關諮詢部＞
電　　話：（02）27992788
電　　傳：出版部　（02) 27990909　行銷部　（02）27993088
郵政劃撥：19394552
戶　　名：英屬維京群島商高寶國際有限公司台灣分公司
發　　行：希代多媒體書版股份有限公司　Printed in Taiwan
初版日期：2007年4月

國家圖書館出版品預行編目資料

馬賽貓老大 / 黃淑冠著. -- 初版. -- 臺北市：高寶國際,
2007[民96] 面； 公分. -- (新視野)

ISBN 978-986-185-052-8(平裝)

1.貓-文集 2.法國-描述與遊記

437.67　　　　　　　　　　　　　　96004384

高寶書版 **35** 週年慶，百位名人聯名同賀

2006年，謝謝您與我們一同慶生，許下「出版更多好書」的願望！

卜大中 （蘋果日報總主筆）
丁予嘉 （富邦金控首席經濟學家）
丁學文 （中星資本董事）
王文華 （作家）
王承惠 （中華民國圖書發行協進會理事長）
王子云 （台灣雅芳公司總經理）
王桂良 （安法診所院長）
尹乃菁 （節目主持人）
方蘭生 （文化大學大眾傳播系教授）
平　雲 （皇冠文化集團副社長）
江岷欽 （台北大學公行系教授）
朱雲鵬 （中央大學經濟系教授兼台灣中心主任暨作家）
何飛鵬 （城邦出版集團首席執行長）
何　戎 （節目主持人）
李家同 （濟南大學資訊工程系教授）
李慶安 （立法委員）
李永然 （永然法律律師事務所律師）
汪用和 （年代午報主播）
辛廣偉 （中國出版研究所副所長）
周守訓 （立法委員）
周行一 （政治大學商管學院院長）
周正剛 （金石堂圖書股份有限公司董事長）
周　璜 （星空傳媒集團台灣分公司總經理）
范致豪 （明志科技大學環境安全衛生室主任）
吳嘉璘 （資訊傳真董事長）
柯志恩 （作家）
林奇芬 （smart智富月刊社長）
金玉梅 （天下雜誌出版總編輯）
侯文詠 （作家）
郎祖筠 （春禾劇團團長）
馬英九 （台北市長）
連勝文 （國民黨中常委）
莫昭平 （時報出版公司總經理）
郝譽翔 （作家）
袁瓊瓊 （作家）
郝明義 （大塊文化出版股份有限公司董事長）
郝廣才 （格林文化發行人）
夏韻芬 （作家）
孫正華 （時尚工作者）
秦綾謙 （年代新聞主播）
張五岳 （淡江大學中國大陸研究所教授）
張天立 （博客來網路書店總經理）

張啓楷 （節目主持人）
郭台強 （中華民國工商建設研究會理事長）
郭重興 （共和國文化社長）
郭昕洮 （環宇電台台長）
葉怡蘭 （美食生活作家）
崔慈芬 （中國傳媒大學教授）
康文炳 （30雜誌總編輯）
許勝雄 （金寶電子工業股份有限公司董事長）
陳海茵 （中天新聞主播）
陳孝萱 （節目主持人）
陳　浩 （中天電視台執行副總）
陳鳳馨 （節目主持人）
陳樂融 （節目主持人）
彭懷真 （東海大學社會工作系副教授）
傅　娟 （節目主持人）
董智森 （節目主持人）
詹宏志 （PC home Online網路家庭董事長）
楊仁烽 （城邦出版控股集團營運長）
楊　樺 （TVBS國際新聞中心主任）
詹仁雄 （節目製作人）
賈永婕 （藝人）
溫筱鴻 （嘉裕股份有限公司大中華區總經理）
趙少康 （飛碟電台董事長）
廖筱君 （年代晚間新聞主播）
劉必榮 （東吳大學政治系教授）
劉柏園 （遊戲橘子總經理）
劉　謙 （作家）
劉陳傳 （住邦房屋總經理）
蔡惠子 （勝達法律事務所律師）
蔡雪泥 （功文文教機構總裁）
蔡詩萍 （節目主持人）
賴士葆 （立法委員）
盧郁佳 （作家）
蕭碧華 （聯傑財物顧問股份有限公司暨作家）
謝金河 （今周刊社長）
謝瑞真 （北京同仁堂台灣旗艦店總經理）
謝國樑 （立法委員）
簡志宇 （無名小站創辦人兼總經理）
聶　雲 （節目主持人）
蘇拾平 （城邦出版集團顧問）
蘭　萱 （節目主持人）

—— **近百位名人同慶賀！** （依姓氏筆劃排序）

高寶書版 35週年慶　百位名人同祝賀

風雨名山，金匱石室；深耕文化，再創新猷。　　　　——台北市長　馬英九

高寶書版，熱情創新，領航文化。　　　　　　——中國國民黨中常委　連勝文

高來高去，想像無限，寶裡寶氣，趣味無窮。　——飛碟電台董事長　趙少康

圓滿的人生旅途中，最好有好書相伴，高寶給大家創意與力量！
　　　　　　　　　　　　　　　　　　　　　——今周刊社長　謝金河

受人性的溫暖，照耀的出版公司。　　　　　——蘋果日報總主筆　卜大中

高寶35歲了。我相信她會永續經營，所以這不算是上半場，只算是第一
章。我祝福她，也進入一個新階段。用更多的好書，讓所有的讀者活得更
快樂。　　　　　　　　　　　　　　　　　　——作家　王文華

以華人的角度，國際的視野去感知世界。
　　　　　　　　　　　　　　——中國出版研究所副所長　辛廣偉

就像一個青壯人士，35歲的高寶將可在優異的基礎上更上層樓，為中文出
版界們貢獻。　　　　　　　　　——政治大學商管學院院長　周行一

從修身到齊家、感性到理性、兩性到兩岸-高寶書版集團既是良師也是益
友！　　　　　　　　　——淡江大學中國大陸研究所教授　張五岳

知識乃發展永續的源頭，而高寶三十五年來透過讓讀者讀好書，成功賦予
了社會豐沛的成長動能。請繼續努力！
　　　　　　　　　　　——中華民國工商建設研究會理事長　郭台強

未來有更多個三十五年，往高業績、高品質、高效率邁進。
　　　　　　　——中央大學經濟系教授兼台灣中心主任暨作家　朱雲鵬

從高寶，我學到許多出版經營的方法，十分感謝！
　　　　　　　　　　　——城邦出版集團首席執行長　何飛鵬

堅持出好書，成為受尊敬的出版社。——城邦出版控股集團營運長　楊仁烽

35歲，芳華正茂，祝希代更猛！更勇！　——時報出版公司總經理　莫昭平祝

高寶集團發展開闊。　　　　　——大塊文化出版股份有限公司董事長　郝明義

耐心、用心、恆心，寶書豐盈。　　　　　——smart智富月刊社長　林奇芬

恭喜35歲的高寶，比新生兒還有生命力與創造力。
　　　　　　　　　　　　　　　——天下雜誌出版總編輯　金玉梅

高居排行，讀者之寶。　　　　　——中華民國圖書發行協進會理事長　王承惠

祝高寶書版集團，博學的客人都來，與「博客來」共同順應時代巨輪大步
邁進。　　　　　　　　　　　　——博客來網路書店總經理　張天立

恭祝高寶集團，持續出版優質書籍。　——金石堂圖書股份有限公司　周正剛

高品質的書，永遠是我們心中的至寶。　　　　　　　——作家　侯文詠

願高寶為台灣帶來更多的文化創意，思考與心靈的活力。　——作家　郝譽翔

期待穩健成長，更上一層樓。　——聯傑財物顧問股份有限公司暨作家　蕭碧華

不是好書高寶不出。　　　　　　　　　　　　　　　——作家　劉謙

翰墨圖書，皆成鳳采，往來談笑，盡是鴻儒；祝福高寶歡欣迎接下個
三十五年！　　　　　　　　　　　　　　　——作家　夏韻芬

謝謝高寶書版的用心，讓好書成為我們的精神糧食。　——立法委員　李慶安

書語紛飛，潤澤心靈；閱讀悅讀，擁抱活泉。
　　　　　　　　　　　　——永然法律律師事務所律師　李永然

希望知識代代積累。　　　　　——星空傳媒集團台灣分公司總經理　周璸

出版柱石，蜚聲高寶。　　　　　　　　　——環宇電台台長　郭昕洮

年代好書，盡在高寶。　　　　　　　　　——中天新聞主播　陳海茵

閱讀就像陽光、空氣、水，是活著的基本要素，高寶書版集團帶給我們生
活的樂趣，美好的閱讀經驗！　　　　　　——節目主持人　尹乃菁

好讀書，讀好書是我單身生活的一大樂趣。「高寶書版集團」辛苦耕耘35
年，灌溉出繁花似錦，結了我生活的好風景。　　——節目主持人　蘭萱